物理学実験指導書
2025

大阪電気通信大学・物理学実験室 編

学術図書出版社

はじめに

　今日の科学および技術の進歩はめざましい．現代の技術の最先端がもたらす華々しさは，常に若人に限りない夢を誘うであろう．学生諸君は，遠からずこの希望に充ちた技術の世界へ歩を踏み入れることになるであろうが，世に技術者として立ち，科学・技術を通して人類の幸福に寄与しようと考えるならば，ここに一つの決意が必要である．それは，学生という修行の時代に，将来の技術の進歩に対応し，かつ，それを正しく推進し得るだけの基礎的な学力と科学的な思考力を修得しようと決意することである．この点で，物理学実験は，一つの充実した修行の場を提供することになる．実地に測定装置と取り組んで現象をまのあたりにしながら結果を導き出し，また，適用した理論や用いた測定方法・結果について，慎重に，また，自由に，深く吟味するという経験を積み重ねることによって，講義による知識はより一層活性化され，着実に科学的な思考力が形成されてゆくであろう．

　2007 年度には，これまでの実験課題を見直し，また新課題を加えた．一般物理学のうち，力学・振動波動・熱学・光学 (光の干渉) の分野から基礎的な実験が課されている．その他の分野については，より充実した形で，他の諸実験科目で課されるはずである．2007 年度は半期全 15 回の進め方についても見直され，アカデミックライティングの指導に費やす時間を増やし，一層の教育効果の定着を図った．履修者は本指導書に記された『物理学実験履修要綱』を熟読し，学期当初のガイダンスでの説明をよく理解されたい．2014 年度には指導書の構成を見直し，各課題の記述を統一するようにした．また，「報告書の書き方」，「測定器の使い方」という新しい章を加えた．

　2015 年度には「物理定数表」を更新し，国際単位系 (SI) に準拠させた．また，内容を充実させ，その時点での最新の値を使用するようにした．さらに 2020 年度に定数の値を更新した．

　2025 年度版では，2024 年度から授業回数が 13 回となったことに伴い，指導書の記述をそれに合わせた．各実験課題の内容も見直し，必要な変更を加えた．また，「物理定数表」では最新の値への更新，実験に使用されている金属材料に関する定数の追加を行った．

　この指導書は，実験に際して活きた指針となることを目標に，本学の物理学実験の科目担当教員全員の協力によって執筆・編集されたものである．これには本学創設以来の実験指導の経験と創意が充分に盛り込まれているが不満の点も多いであろう．この点については，改訂を加えることによって補い，一層充実した指導書に育てていく予定である．ここに学生諸君のひたむきな向学心が反映されることはいうまでもない．

2025 年 4 月
物理学実験室

目　　次

1. 物理学実験履修要綱 1

物理学実験履修要綱 2

実験指導書の構成 5

物理学実験報告書 (表紙記入例) 7

物理学実験室　配置図 8

2. 実験課題 9

実験課題 1　　浮力法による液体の密度の測定 10

実験課題 2　　サールの装置による金属のヤング率の測定 18

実験課題 3　　物体の自由落下による重力加速度の測定 26

実験課題 4　　気柱共鳴法による気体中の音速の測定 34

実験課題 5　　弦の振動による交流周波数の測定 40

実験課題 6　　ダイヤルゲージによる金属の線膨張係数の測定 46

実験課題 7　　レーザー光の回折と干渉の実験 52

実験課題 8　　力積と運動量変化の研究 62

　　　　発展研究：力学台車の衝突実験による運動量保存則の検証 67

実験課題 9　　金属熱量計による氷の融解潜熱の測定 70

実験課題 10　ニュートンリング法によるレンズ面の曲率半径の測定 . . . 76

実験課題 11　花崗岩の密度測定 84

実験課題 12　遊動顕微鏡による屈折率の測定 92

実験課題 13　pn 接合 (ダイオード) の $V\text{--}I$ 特性の測定 96

実験課題 14　シュテファン－ボルツマン定数の測定 104

3. 付　　録 113

付録－1　報告書 (レポート) の書き方 114

付録－2　測定器の使い方 119

付録－3　データの取り扱いについて 136

4. 物理定数表 155

1.

物理学実験履修要綱

物理学実験履修要綱

A. 実験開始以前の注意事項

(1) 事前に物理学実験指導書を十分予習しておくこと．準備不足のため実験開始に手間取り，所定の時間内に終わらない場合は実験を打ち切ることがある．

(2) この物理学実験指導書と後述の実験ノートは毎回必ず持参すること．

(3) 授業開始時に出欠をとる．遅刻した学生は到着後直ちにその旨連絡すること．
連絡が無ければ欠席扱いとなることがある．

(4) 遅刻は減点する．

【実験前に準備・購入すべき物】

物理学実験指導書，実験ノート (A4 ノート)，A4 方眼紙，レポート用紙，関数電卓，製図用 30 cm 定規，ホッチキス (報告書を綴じるために使用)，その他教員が指示する物

以上の物は第 1 回目の授業日までに生協で購入し，授業に出席すること．

B. スケジュール

(1) 前期または後期の半期全 13 回からなり，以下のように計 7 課題程度の実験を行う．
最初の数回 ：ガイダンスと講義・実習 (データ解析・測定器具の取り扱い)
次の数回　：2 週を 1 セットとし，始めの週に指定された課題の実験を行い，翌週は前週実施の実験のレポート指導日とする．
残りの回　：レポート指導日は無いので，実験の翌週にレポートを提出する．

(2) 全 13 回とも出席確認を行う．(実験時においては開始時および終了時)

(3) レポート指導日

(a) レポート指導日の欠席は実験欠席と見なし，レポートを受理しないことがある．必ず出席して指導を受けること．

(b) 前回の実験を欠席した場合も出席し，担当教員の指示を受けること．

C. 報告書 (レポート) の提出

(1) 実験毎に全員が報告書を提出する．

(2) 報告書の提出期限に関しては担当教員の指示に従うこと．(期限遅れの報告書は減点され，長期遅れの場合には採点されないことがある)

(3) 欠席した実験についての報告書の提出は認めない．

D. 報告書 (レポート) の様式

(1) 規定の表紙 (各実験終了時に配布する) を付けること.

(2) 指定の A4 版レポート用紙を使用し, **左端の 2 カ所をホッチキスで綴じること.**
(レポート用紙の上部が糊付けされている場合は剥がしておくこと)

(3) 報告書の記述は黒のボールペンか万年筆を使用すること. **シャープペンシルや鉛筆の使用は禁止. 消せるボールペンの使用も不可**とする.

(4) グラフの作成にはシャープペンシルか鉛筆を使用すること.

(5) 装置図など指導書内の図を参考に, 独自に描画した図を掲載すること.

E. 報告書 (レポート) の書き方

以下に物理学実験報告書の構成と主な注意点を示す. 実際に報告書を作成するにあたっては, **巻末付録の「報告書の書き方」**を参照すること. 物理学実験報告書に限った話ではなく, 報告書には様々な決まり事があるので, それを守る必要がある.

(1) **表紙**：書式に従って記入すること.

(2) **構成**：以下の順序で**明確に項目を設けて書く**こと.

実験課題名

目的

理論

装置と方法

測定結果

解析

考察

結論

参考文献

(3) 主な注意点

(a) ページ番号をつける.

(b) 表番号・図番号とタイトルについて

① 表には**表の上に**表番号とタイトルをつける.

② 図には**図の下に**図番号とタイトルをつける.
グラフも図であるので, 図番号とタイトルが必要である.

③ 表番号・図番号は通し番号にする.

④ 番号形式は "表 1" や "図 2" などとする.

(c) 単位と有効数字の桁数を確認する.

(d) グラフは 1 mm 方眼紙 (A4 サイズ) に作成し, 切り取らずにそのまま報告書に添付する. 方眼紙の周りの白地にはなるべく何も書かないようにすること.

(e) 文献や Web ページなどで調べたことを載せる場合は引用であることを明示し, 文献名, URL 名などを記すこと.

F. 実験ノート

実験ノートは，実験データを記録し必要な計算を行うためのものである．また実験を行ったことの証拠でもあるため，消すことのできない黒のボールペンか万年筆を使用すること．記録した後，誤りなどを発見した場合でも，修正液などで消してしまわないこと．斜線を引き，誤りと判断した理由を記述し，新たな場所に次の記録や計算を行うこと．

(1) 実験専用のノートを用意し，実験時には必ず持参する．

(A4 版ノートを使用のこと．レポート用紙・ルーズリーフなどは使用不可)

(2) 表紙には自分の学生番号と氏名を書いておくこと．

(3) この実験ノートは毎回の実験終了後，教員へ報告する際に指導書とともに持参し，毎回，実験ノートに実験終了印またはサインをもらうこと．

(4) ノートは見開きで使用し，新しい課題は常に左ページから書き始めること．

冒頭に，以下の項目を記録しておくこと．

(a) 実験開始の日時

(b) 課題番号，課題名，実験机番号

(c) 実験日の気温，湿度，気圧，天候およびそれらを観測した時刻

(d) 共同実験者の学生番号および氏名

G. 実験終了報告

(1) 実験終了後，実験ノートおよび実験指導書を持参して，班員全員で教員に実験結果を報告する．

(2) この時，終了時の出欠確認として実験ノートに終了印をもらうこと．

H. その他

(1) 実験室内での喫煙・飲食は厳禁．

(2) 実験室内で許可を得ずに携帯電話・スマートフォンを使用することは厳禁．

(3) 実験室内のコンセントの使用は禁止．

(4) 機械器具の取り扱いは十分慎重に行うこと．

(a) 不真面目に行うと危険である．

(b) 機械器具を壊した場合は速やかに教員に報告すること．

(5) 実験室での筆記用具は黒のボールペンまたは万年筆を使用すること．ただし，グラフ作成は鉛筆を用いること．(グラフの修正で消しゴムを用いる場合は，くずをゴミ箱に捨てること．不用意な場所に捨てると実験器具に悪影響が出る．)

(6) 器具や物品の貸し出しは一切行わない．

(7) 実験終了後は整理整頓をしておくこと．

(8) 実験室内で持ち主不明の忘れ物が発見された場合は，原則として速やかに処分する．

実験指導書の構成

本指導書は大きく分けて以下の3つの項目からなっている.

実験課題，付録，物理定数表

1) 「**実験課題**」は，実際に実験を行う際に参照する部分である．各課題には以下のような8つの項目が設けられている.

   1. 目的　**2. 理論**　**3. 装置と方法**　　**4. 測定結果**

   5. 解析　**6. 考察**　**7. 考察補助課題**　**8. 研究課題**

本来なら，「**1. 目的**」から「**3. 装置と方法**」までの3つの項目だけで，各自が実験を行い，測定をまとめ，結果を導出することが可能なはずである．しかし，初学者のことも考え，「**4. 測定結果**」と「**5. 解析**」という項目を設けた．測定した値 (データ) をどのようにまとめ (測定結果)，どのような計算 (解析) で目的に即した実験結果を得るのか，を具体的に記してある．「**6. 考察**」は，ほぼ全ての実験課題で共通で，既知の値との比較により測定の妥当性を確かめるものとなっている.

一部は，報告書を意識した書き方になっているので報告書を書く際の参考にするとよい.

さらに，考察をより深いものにするための課題として「**7. 考察補助課題**」を用意した．なるべく具体的に考えられるような課題にしてあるので，余力のあるものはこの課題に取り組み報告書に書いて来て欲しい.

また，「**8. 研究課題**」は各実験の物理的内容に関連したものになっている．「**2. 理論**」部分の補足として各自が自宅で調べたり計算したりすることを想定している．もちろん，報告書に書いてくることが望ましい．ただし，本や Web などで調べたことを丸写しするのは厳禁である．ましてや，他人の報告書の丸写しは論外である．調べた内容を一度自分で整理して，"自分の言葉" で書かなければ評価されない.

2) 「**付録**」には "報告書の書き方"，"測定器の使い方" と "データの取り扱い方" を収録してあるので，必要に応じて読むこと．特に "報告書の書き方" には，報告書の作法など重要な注意点も書かれているので，報告書を書く前に熟読しておく必要がある.

3) 「**物理定数表**」には本実験に関するもののみならず様々な物理量に関する "定数" が記されている．物理学実験では，大半の実験は "既に知られている値 (既知の値)" についての測定である．ここにその "既知の値" を載せてある．"標準値" や "文献値" などと称されている値である．この値を真の値と誤解している者がいるが，一部の定義上定められた値以外の大半の値は，測定値であ

6 実験指導書の構成

る．ただし，諸君の使用している装置よりも高機能・高性能な装置を用いて，専門家が実際に測定を行い，そのデータを注意深く解析した結果であり，万人に認められた値である．諸君が測定を終えたら，ここから目的の値を探し出し，自分の測定結果と比較する必要がある．それによって自分達の測定の正しさ (あるいは間違い) を確認することが出来る．また，解析に必要な定数も載っているので適宜参照することが求められる．

物 理 学 実 験 報 告 書

実 験 課 題 No. 4 〔実験机 No. 504 〕

実 験 課 題 名
気柱共鳴法による気体中の音速の測定

2025 年 5 月 12 日（月）実施

13 時 52 分より 16 時 58 分迄

（実験開始・終了時刻は、実際に実験を開始した時刻および実験終了報告をした時刻を記入）

学生番号　EJ25A○○○　　　　氏　名　寝屋川 一郎

学科・専攻記号	班番号
J	25

共同実験者
学生番号　氏名

1. EJ25A○○○　大阪太郎
2. EJ25A○○○　電通花子
3. ＿＿＿＿＿＿＿＿＿＿＿＿
4. ＿＿＿＿＿＿＿＿＿＿＿＿
5. ＿＿＿＿＿＿＿＿＿＿＿＿

気　温	24.5	℃
湿　度	62	％
気　圧	1012.9	hPa
天　候	晴	
15 時 45 分 観測		

← ここをホッチキスで留める →

大阪電気通信大学

8　物理学実験室　配置図

2.

実 験 課 題

実験課題 1　浮力法による液体の密度の測定

1.　目　的

液体試料中に直方体のシンカーを沈めて，それに働く浮力から液体の密度を求める．

2.　理　論

　密度は，物体の質量を体積で割った値，すなわち，単位体積当たりの質量である．液体の密度を求める場合には，例えば立方体の容器を作り，物差しによる長さ測定からその内容積を求め，天びんでその質量も測っておく．次に容器に液体を満たして，その質量を天びんで測り，その値から容器の質量を差し引く．それを容器の内容積で割れば液体の密度を求めることができる．または，体積のわかった物体 (シンカーという) を液体試料の中に沈めて，これに働く浮力を天びんで測定することによって，アルキメデスの原理から液体試料の密度を求めることもできる．ここでは後者の方法によって純水の密度を求める．

　浮力を求めるためには，シンカーの真空中での重さ (= 質量 × 重力加速度) と，水中での重さを測ってその差を求めればよい．真空中での重さは，空気中で計量して空気の浮力分を補正すればよいのであるが，今回は補正を省略し，空気中での重さをそのまま用いる．

　浮力の測定にはばねばかりを使用するが，ばねの伸びと質量の関係を，質量がわかっている分銅を用いてあらかじめ求めておく必要がある．

　ばねの下端にシンカーを吊した時，空気中での伸びに対応する質量を M_1，水中でのそれを M_2 とすれば浮力は $(M_1 - M_2)g$ で与えられる．g は重力加速度である．一方，シンカーの体積を V，水の密度を ρ とすれば，アルキメデスの原理より

$$(M_1 - M_2)g = \rho V g \tag{1}$$

となる．

　よって，式 (1) より水の密度 ρ は

$$\rho = (M_1 - M_2)/V \tag{2}$$

となる．$M_1 - M_2$ は，先に求めたばねの伸びと質量の関係式より求める．

3. 装置と方法

3.1 装置

ばねと，ばねを吊す台，カセトメータ，分銅，分銅を載せる皿，ピンセット，シンカー (黄銅製，質量約 80 g，体積約 10 cm^3)，試料容器 (ビーカー)，温度計，マイクロメータ

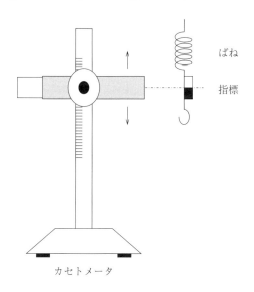

図 1 実験装置 (カセトメータとばね)

3.2 方法

実験上の注意

純水の準備は担当教員の指示に従うこと．分銅は必ずピンセットで持つこと．

A. 分銅の質量とばねの伸びとの関係の測定

1. 図 2 のように，ばねの下端に皿を吊し，55 g 分の分銅をのせる．
2. ばねの振動が止まるのを待って (手でそっと触れて止める)，カセトメータでばねに付けてある指標の位置を 1/100 mm まで読み取る．
3. 2 g ずつ分銅を増加させながら，最大 65 g まで，上記の 1. と 2. を繰り返す．

B. 純水の密度の測定

1. 質量が無視できるような，細い糸でシンカーをばねの下端に吊す．
2. ばねの指標の位置 (図 3 の L) をカセトメータで 1/100 mm まで読み取る．
3. 純水の中へシンカーを沈めて，その時の指標の位置 (図 3 の L') を読み取る．
4. 1. から 3. の操作を交互に 3 回繰り返す．水中から引き上げた時に付着している水滴は紙タオルで拭き取る．

12　実験課題1　浮力法による液体の密度の測定

5. 純水の温度を測定する．
6. シンカーの各辺の長さをマイクロメータで 1/1000 mm まで読み取る．測定を各辺につき 3 回行う．シンカーの面にはわずかな凹凸があるため，測定するごとに位置を変えて測定する．

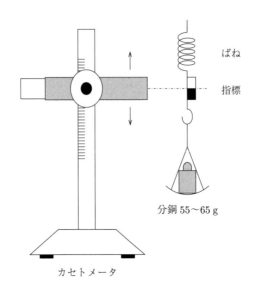

図 2　分銅によるばねの伸びの測定

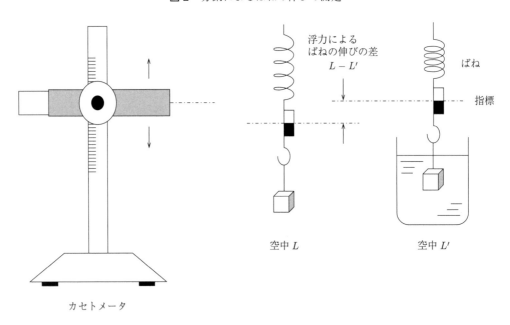

図 3　浮力によるばねの伸びの差 $(L - L')$ 測定

4. 測定結果

カセトメータで測定したばねの指標の位置を，表1にまとめる．

表1　分銅によるばねの伸びの測定

分銅の質量 [g]	ばねの指標の位置 [cm]
55	10.811
57	10.393
59	9.964
61	9.547
63	9.116
65	8.694

この値を使って，分銅の質量とばねの指標の位置との関係を見るために図4のようなグラフを作成する．グラフ用紙は縦長で使い，横軸は1gを1cmで刻み，縦軸は10cmをカセトメータの読みの1cmに対応させて目盛を記す．

注：測定点は一直線上に並ぶと考えられるので，そうならない場合は測定をやり直す．

次に，空気中と水中でのばねの指標の位置，および，その差 $(L - L')$ を表2にまとめ，差の平均値 $\overline{L - L'}$ を求める．また，この浮力の測定中の純水の温度も記録しておく．

シンカーの各辺の長さをマイクロメータで3回測定した結果を，表3にまとめ，各辺の平均値を求

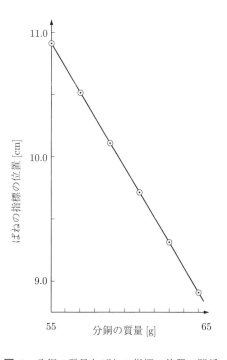

図4　分銅の質量とばねの指標の位置の関係

14　実験課題 1　浮力法による液体の密度の測定

表 2　浮力によるばねの伸びの差の測定

水温：22.2℃

回	空中 L [cm]	水中 L' [cm]	$L - L'$ [cm]
1	8.742	10.686	-1.944
2	8.756	10.706	-1.950
3	8.748	10.702	-1.954
			平均 $\overline{L - L'} = -1.949$

表 3　シンカーの各辺の長さの測定

回	l_1 [cm]	l_2 [cm]	l_3 [cm]
1	2.0997	2.0998	2.0995
2	2.0998	2.1002	2.0994
3	2.0997	2.0998	2.0996
平均	$\overline{l_1} = 2.0997$	$\overline{l_2} = 2.0999$	$\overline{l_3} = 2.0995$

める.

5.　解　析

作成した図 4 上に引いた直線の傾きから，分銅 1 g 当たりのばねの伸び a を求める．その後，表 2 のばねの伸びの差から浮力を求める．最後に，表 3 のシンカー各辺の長さを用いてシンカーの体積を求め，式 (2) より純水の密度を計算する．

純粋の密度の測定 (計算例)

図 4 の傾きは直線上の 2 点をグラフから読み取って計算する．

$$a = \frac{8.914 - 10.607}{64.00 - 56.00} = -0.2116 \, \text{cm/g}$$

この a と，表 2 のばねの伸びの差の平均値 $\overline{L - L'}$ を使って，$M_1 - M_2$ は以下の式で計算する．

$$M_1 - M_2 = \frac{\overline{L - L'}}{a} = \frac{-1.949 \, \text{cm}}{-0.2116 \, \text{cm/g}} = 9.211 \, \text{g}$$

シンカーの体積 V は表 3 のシンカー各辺の長さの平均値より，

$$V = \overline{l_1} \times \overline{l_2} \times \overline{l_3} = 2.0997 \, \text{cm} \times 2.0999 \, \text{cm} \times 2.0995 \, \text{cm} = 9.2570 \, \text{cm}^3$$

となる．

したがって，純水の密度 ρ は，式 (2) より次のように計算できる．

$$\rho = \frac{M_1 - M_2}{V} = \frac{9.211\,\text{g}}{9.2570\,\text{cm}^3} = 0.9950\,\text{g/cm}^3$$

6. 考 察

1. 得られた測定結果を既知の値と比較し，誤差について検討する．
2. 最小二乗法により直線の傾きを求め，その値を使って純水の密度を計算する．最小二乗法の計算は以下を参照すること．

表4は，表1に記されている測定値に最小二乗法による直線の傾きの計算に必要な量を加えたものである．最小二乗法を用いる際にはこのような表を作成するとよい．

表4 表1に最小二乗法に必要な量を加えた表

分銅の質量 M_i [g]	ばねの指標の位置 L_i [cm]	$M_i{}^2$	$M_i L_i$
55	10.811	3025	594.605
57	10.393	3249	592.401
59	9.964	3481	587.876
61	9.547	3721	582.367
63	9.116	3969	574.308
65	8.694	4225	565.110
$\sum M_i = 360$ $(\sum M_i)^2 = 129600$	$\sum L_i = 58.525$	$\sum M_i{}^2 = 21670$	$\sum (M_i L_i) = 3496.667$

表4の中に示した各数値を次式に代入し計算すれば，最小二乗法による直線の傾き a を求めることができる．

$$a = \frac{n \sum (M_i L_i) - \sum L_i \sum M_i}{n \sum M_i{}^2 - (\sum M_i)^2} \qquad n：データの個数$$

例えば，表4の例の場合の最小二乗法による傾きの計算値は

$$a = \frac{(6 \times 3496.667) - (58.525 \times 360)}{(6 \times 21670) - (129600)} = -0.2119\,\text{cm/g}$$

となる．求めた a を用いて，純水の密度を計算する．

16   実験課題 1 浮力法による液体の密度の測定

7. 考察補助課題

1. 最小二乗法を使って求めた純水の密度と，直線の傾きをグラフから読み取って決めた密度との
   違いについて議論せよ．
2. シンカーが空気中にあるとき，シンカーには空気による浮力が働く．この空気による浮力が密
   度の測定値に与える影響について考察せよ．

8. 研究課題

1. アルキメデスの原理について調べよ．
2. 実生活で浮力はどのような場面で現れるか，調べてみよ．
3. 今回使用したシンカーは黄銅製である．これを別の物質に変えたらどうなるか考察せよ．
4. 今回使用したばねを別の場所に持って行った場合には「分銅の質量とばねの伸びとの関係」は
   再測定をしなければならない．何故か？

MEMO

実験課題 2 サールの装置による金属のヤング率の測定

1. 目　的

金属線に張力を加えたときの伸びをマイクロメータで測定し，金属のヤング率を求める．

2. 理　論

固体の両端に外力を加えると，固体は変形して，伸び，縮み，ねじれなどが生じ，同時に形を元にもどそうとする**応力** (単位面積当たりの力) が固体内部に生じる．変形量が小さいときには外力を取り去ると固体は完全に元の形にもどる．このような性質を**弾性**という．また，初めの状態に対する変形の割合を**ひずみ**という．

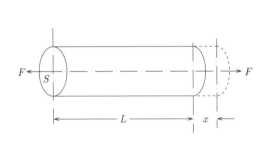

図1　応力とひずみ

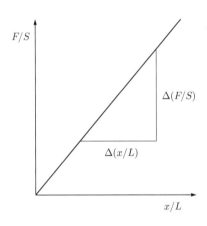

図2　ひずみ (x/L) と応力 (F/S) の関係

図1のように，金属線の両端に力 $F\,[\text{N}]$ を加えて引っ張った場合に，金属線は少しだけ伸びることになる．金属線の元の長さを $L\,[\text{m}]$，断面積 $S\,[\text{m}^2]$ とするとき，金属線の伸び $x\,[\text{m}]$ が比較的小さいときには，次の式が成り立つ．

$$\frac{F}{S} = E\frac{x}{L} \tag{1}$$

ここで，式 (1) の左辺の $F/S\,[\text{N}/\text{m}^2]$ は応力を表し，引いた力 F を金属線の断面積 S で割った量として求められる．また，右辺における x/L はひずみを表し，金属線の伸び x を元の金属線の長さ L で割って求められる無次元量である．式 (1) の右辺の比例定数 $E\,[\text{GPa}]$ (単位：ギガパスカル，$1\,\text{GPa} = 10^9\,\text{N}/\text{m}^2$) は**ヤング (Young) 率**といい，物質 (ここでは金属線) の種類によって定まる値である．

伸びが比較的小さいときには，図2のように，**応力はひずみに比例する**．このことは，**ねじれ**などの他の種類のひずみについても同様である．一般的に「応力が小さいとき，ひずみは応力に比例する」が成り立つ．これを**フック (Hooke) の法則**という．

式 (1) および図2から，ヤング率は

$$E = \frac{\Delta(F/S)}{\Delta(x/L)} = \frac{(\Delta F)/S}{(\Delta x)/L} \quad [\text{GPa}] \tag{2}$$

で与えられる．したがって，F の増加 ΔF およびそれに対応する伸び Δx を測定すれば，ヤング率を求めることができる．

ここでは**サール (Searle) の装置** (図3) を用いて実験を行い，金属線に張力 F を加えたときの伸び x をマイクロメータで測定して，式 (2) から金属のヤング率を求める．

3. 装置と方法

3.1 装置

サールの装置，試料金属 (鋼鉄，黄銅，銅)，巻尺，マイクロメータ

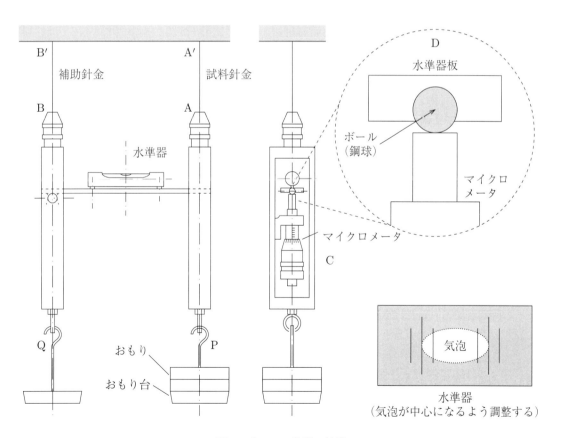

図3 サールの装置　外観

20   実験課題 2 サールの装置による金属のヤング率の測定

図3のように，サールの装置には，あらかじめ同じ材質の2本の金属線 (針金) を用いて天井から吊り下げてある．太い金属線 AA′ が試料針金で，細い金属線 BB′ が補助針金であり，この実験で試料針金 AA′ のひずみを測定する．

3.2 方　法

> **実験上の注意**
> 1. 水準器を取り付けた板 (D) の下の面にボールが取り付けられている．マイクロメータの先端部がボールに触れている状態で測定すること．装置を雑に扱ってボールから外れてしまっては測定ができなくなるので，マイクロメータを回すときには静かに回すこと．また，装置を手でひっぱったり試料を手で触ったりしてはいけない．
> 2. 机の上でおもりとおもりを重ねてはいけない．滑り落ちると危険である．
> 3. マイクロメータの読み間違いを防ぐために，測定毎にマイクロメータのスリーブとシンブルの目盛の読みと計算式をノートに記録しておくこと．

1. 図3のように，水準器をセットする．
2. 装置下端 P，Q のそれぞれにおもり台を吊す．
3. 水準器の気泡が中心に位置するようにマイクロメータ C のつまみを静かに回して，水準器が水平になるように調節し，そのときの目盛の読みを $1/1000\,\mathrm{mm}$ の桁まで読み取り，それを $z_0{}'$ とする．おもりの数が n 個のときの読みを $z_n{}'$ とすると，これは $n = 0$ の場合になるので，その読みを $z_0{}'$ と表した．
4. 試料側 (P 側) に質量 $1\,\mathrm{kg}$ のおもり1個を載せ，再びマイクロメータを調節して，水準器が水平になるようにし，そのときの読みを $z_1{}'$ とする．
5. 以下同様にして，おもりを1個ずつ増加させて，マイクロメータを調節して値を読み，それぞれの値を $z_2{}'$，$z_3{}'$，$z_4{}'$，$z_5{}'$ とする．
6. $z_5{}'$ の測定後，2〜3分程度時間をおいて，もう一度水平であるかを確認して，ずれていればマイクロメータを調節し，そのときの読みを $z_5{}''$ とする．
7. つぎに，おもりを1個ずつ取り去って，マイクロメータを調節して値を読み，それぞれの値を $z_4{}''$，$z_3{}''$，$z_2{}''$，$z_1{}''$，$z_0{}''$ とする．
8. つぎに，おもり台だけを残した状態で，試料針金 AA′ の全長 L を $1\,\mathrm{mm}$ の桁まで巻尺で測定して記録する．これをさらに4回繰り返す．なお，この実験では L の測定値は $1\,\mathrm{mm}$ の桁までの読み取りで十分である．
9. さらに，試料針金 AA′ の直径 d を卓上のマイクロメータで $1/1000\,\mathrm{mm}$ の桁まで読み取り記録する．これをさらに4回繰り返す．

4. 測定結果

測定試料：鋼鉄の場合

1. 測定したマイクロメータの値を，表1の「マイクロメータの読み」としてまとめる．さらに，平均 $z_n = \dfrac{z_n' + z_n''}{2}$ と伸び $x_n = z_n - z_0$ を計算して，表1を完成させる．

表1 試料針金の伸びの測定値

n	おもりの質量 M_n [kg]	マイクロメータの読み z_n' [mm]	z_n'' [mm]	平均 [mm] $z_n = \dfrac{z_n' + z_n''}{2}$	伸び [mm] $x_n = z_n - z_0$
0	0.00	11.196	11.188	11.192	0.000
1	1.00	11.372	11.380	11.376	0.184
2	2.00	11.559	11.501	11.530	0.338
3	3.00	11.729	11.719	11.724	0.532
4	4.00	11.910	11.905	11.908	0.716
5	5.00	12.089	12.089	12.089	0.897

2. 表2に試料針金の全長 L [mm] の測定値を記録し，その平均を計算して記入する．

表2 試料針金の全長の測定値

	1回目	2回目	3回目	4回目	5回目	平均
全長 L [mm]	1413	1414	1413	1413	1412	1413

3. 表3に試料針金の直径 d [mm] の測定値を記録し，その平均を計算して記入する．

表3 針金の直径の測定値

	1回目	2回目	3回目	4回目	5回目	平均
直径 d [mm]	0.698	0.696	0.699	0.697	0.695	0.697

5. 解析

1. 表4のように計算結果をまとめる．まず，おもりの質量と試料針金の直径から応力を計算する．おもりの質量が M_n [kg] のとき，重力加速度の大きさを $g = 9.80\,\mathrm{m/s^2}$ として，針金を引く力の大きさは $F_n = M_n g$ [N]，試料針金の直径の平均 d [mm] の断面積は $S = \pi(d \times 10^{-3}/2)^2$ [m²]，質量 $M_n = M_1 \times n$ [kg] であるから，応力は

$$\frac{F}{S} = \frac{M_n g}{\pi \left(\dfrac{d}{2}\right)^2} = \frac{1.0 \times n \times 9.80}{3.14 \times \left(\dfrac{0.697 \times 10^{-3}}{2}\right)^2} = 25.7 \times 10^6 \times n\,\text{N/m}^2$$

となる．すべての場合の応力を計算し，表4に記入する．

2. 次に，試料針金の伸びと試料針金の全長からひずみを計算する．おもりの質量が $M_n\,[\text{kg}]$ のときの伸び x_n と試料針金の全長の平均 $L\,[\text{m}]$ とすると，ひずみは $\dfrac{x_n}{L}$ から計算される．すべての場合のひずみを計算し，表4に記入する．

表4 試料針金の応力とひずみの計算結果

n	おもりの質量 $M_n\,[\text{kg}]$	応力 $\dfrac{F}{S}\,[\text{N/m}^2]$	伸び [mm] $x_n = z_n - z_0$	ひずみ $\dfrac{x_n}{L}$
0	0.00	0.00×10^6	0.000	0.000
1	1.00	25.7×10^6	0.184	0.130×10^{-3}
2	2.00	51.3×10^6	0.338	0.239×10^{-3}
3	3.00	77.0×10^6	0.532	0.376×10^{-3}
4	4.00	103×10^6	0.716	0.507×10^{-3}
5	5.00	128×10^6	0.897	0.635×10^{-3}

3. 完成した表4から，図4のように，横軸に「ひずみ」を，縦軸に「応力」をとったグラフを作成する．

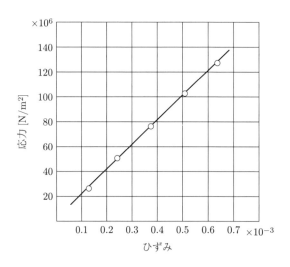

図4 ひずみと応力の関係

4. 完成した図4または表4を用いて，以下の2つの方法で金属のヤング率を求める．

A. 直線の傾きによるヤング率の決定

図4のグラフ上に，透明な定規を使って，すべての測定点を考慮した最もふさわしい直線を引く．式 (2) より，この直線の傾きがヤング率 $E\,[\mathrm{N/m^2}]$ に対応する．直線の傾きを求めるためには，直線上の測定点以外のできるだけ離れた2点の座標を読み取って計算する．例として，直線上の2点 $(0.100 \times 10^{-3},\ 21.3 \times 10^6\,\mathrm{N/m^2})$，$(0.700 \times 10^{-3},\ 143.8 \times 10^6\,\mathrm{N/m^2})$ を読み取った場合の直線の傾き (ヤング率) は，以下のように計算される．

$$E = 直線の傾き = \frac{(143.8 - 21.3) \times 10^6}{(0.700 - 0.100) \times 10^{-3}} = 20.4 \times 10^{10}\,\mathrm{N/m^2} = 204\,\mathrm{GPa}$$

B. おもりの3個分の荷重に対応する伸びによるヤング率の決定

おもり3個分の荷重に対応する伸びから，ヤング率を求める．この実験では，

a. おもり0個のときに対する3個のときの荷重の増加量 $\Delta F = 3g\,[\mathrm{N}]$

b. 〃 1個 〃 4個 〃 $\Delta F = 3g\,[\mathrm{N}]$

c. 〃 2個 〃 5個 〃 $\Delta F = 3g\,[\mathrm{N}]$

とすると，上記 a, b, c における荷重の増加量 $\Delta F(= 3g)\,[\mathrm{N}]$ は全て等しく，すべておもり3個分 (質量3kg) による荷重の増加量になっている．この a, b, c のそれぞれの場合に対応する伸び (Δx_a, Δx_b, Δx_c) は

$$\Delta x_a = z_3 - z_0, \qquad \Delta x_b = z_4 - z_1, \qquad \Delta x_c = z_5 - z_2$$

である．表4の測定値の場合，その平均は

$$\Delta x = \frac{\Delta x_a + \Delta x_b + \Delta x_c}{3} = \frac{0.532 + 0.532 + 0.559}{3} = 0.541\,\mathrm{mm}$$

となる．この $\Delta x\,[\mathrm{mm}]$ の計算値および $\Delta F\,[\mathrm{N}]$ を式 (2) に代入すれば，ヤング率は

$$E = \frac{(\Delta F)/S}{(\Delta x)/L} = \frac{3g/\{\pi(d/2)^2\}}{(\Delta x)/L} = \frac{12g/(\pi d^2)}{(\Delta x)/L}\ [\mathrm{GPa}] \tag{3}$$

となる．実験結果および与えられた数値を式 (3) に代入すれば，ヤング率が求まる．

$$E = \frac{12 \times 9.80/\{3.14 \times (0.697 \times 10^{-3})^2\}}{0.541/1413} = 20.1 \times 10^{10}\,\mathrm{N/m^2} = 201\,\mathrm{GPa}$$

6. 考 察

1. 実験で求めたヤング率の値 E と標準値の値 E_0 と比較して，誤差について検討する．

$$百分率誤差 = \frac{E - E_0}{E_0} \times 100\%$$

2. グラフ上の直線の傾きから求めたヤング率の値と，おもり3個分の荷重に対応する伸びから求めたヤング率の値を比較して検討する．

3. ヤング率とは物体の "伸び" の程度 (変形度合) を表していると考えられる．ヤング率の定義式 (式 (1)) を使って，ヤング率が大きいほど物体は伸びやすいのか，それとも伸びにくいのかを考えてみる．

24 実験課題 2 サールの装置による金属のヤング率の測定

7. 考察補助課題

1. 最小二乗法を用いて直線の傾きを求め，ヤング率を決定せよ．
2. 試料の針金が曲がっていると実験結果にどのような影響があるか，を考察せよ．

8. 研究課題

1. 物質の弾性を表す定数には，ヤング率の他にどのようなものがあるのだろうか．調べてみよ．
2. 直径 1 mm，長さ 10 m の針金に 10 kg のおもりを吊したら，いくら伸びるのだろうか？ 各自のヤング率の測定結果を使って計算せよ．
3. この実験ではおもり台の質量は必要でない．何故か？
4. 金属にある程度以上のひずみを与えると破断する．各自の測定した金属試料の "引張り強さ" を調べ，どの程度のおもりを載せたら試料が破断するのかを計算せよ．
5. ヤング率は実生活のどのような場面で用いられているか？ 具体例を調べよ．
6. ヤング率を測定する方法に "ユーイングの装置" を用いるものがある．これについて調べよ．

MEMO

実験課題 3　物体の自由落下による重力加速度の測定

1.　目　的

物体を自由落下させ，落下距離およびそれに要した時間の測定から重力加速度の大きさ g を求める．

2.　理　論

　地表付近で物体を静かに放すと，物体は地球の**重力**に引かれて自然に落下していく．この運動を**自由落下**という．地球の重力は，地球がこの物体を引く万有引力と地球の自転による遠心力の合力である．物体にはたらく重力の大きさを物体の**重さ**といい，単位はニュートン [N] で表す．質量 m [kg] の物体にはたらく重力の大きさ (重さ) は mg [N] であり，質量に比例する．g は**重力加速度の大きさ**であり，場所によってわずかに異なるがほぼ一定の値で，単位はメートル毎秒毎秒 [m/s^2] である．日常生活では重さと質量を区別せずに使用されてしまうこともあるが，重さと質量は単位の異なる別の物理量である．**質量**は，物体の慣性の大きさを表す物体に固有の量で，単位はキログラム [kg] である．

　ニュートンの運動の法則によれば，物体の加速度 $\boldsymbol{a}$，その物体にはたらく力の合力を $\boldsymbol{F}$ とするとき，物体についての運動方程式

$$m\boldsymbol{a} = \boldsymbol{F} \tag{1}$$

が成り立つ．物体が重力による落下運動をする場合，空気抵抗が無視できるときには，物体には鉛直下向きに大きさ $F = mg$ の重力がはたらく．したがって，式 (1) から，物体についての鉛直方向の運動方程式は

$$ma = mg$$

である．このとき，加速度の大きさは $a = g$ (一定) となり，物体は鉛直方向下向きに**等加速度直線運動**をすることになる．時刻がゼロ ($t = 0$) のときの物体の位置を $z = 0$ とすると，任意の時刻 t における物体の**落下速度** v および**落下距離** z はそれぞれ

$$v = gt + v_0 \tag{2}$$

$$z = \frac{1}{2}gt^2 + v_0 t \tag{3}$$

で与えられる．ここで，v_0 は物体が落下し始めたときの初速度 (時刻がゼロときの速度) である．物体が自由落下をする場合には，初速度は $v_0 = 0$ であるから，式 (2), (3) は

$$v = gt \tag{4}$$

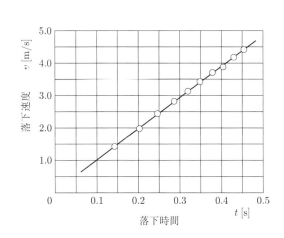
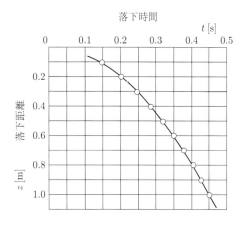

図 1　落下速度・落下時刻図 (v-t 図)　　　　図 2　落下距離-落下時間 (z-t) 図

$$z = \frac{1}{2}gt^2 \tag{5}$$

となる．式 (4) は，落下速度 v が落下した経過時間 t に**比例定数 g で正比例する**ことを表している．図 1 には，落下速度と落下時間の関係をグラフ (v-t 図という) に示す．

図 1 において，時刻がゼロから任意時間 t までの間に，直線と横軸に囲まれた三角形の面積 S は

$$S = \frac{1}{2}v \times t = \frac{1}{2}(gt) \times t = \frac{1}{2}gt^2 = z$$

となり，落下距離 z に等しい．式 (5) は，落下距離 z が落下時間 t の **2 次関数 (放物線)** であることを示している．図 2 には，落下距離 z と落下時間 t の関係を表すグラフ (z-t 図) を示す．横軸を t に，縦軸を z にとって，落下距離 z のグラフを描くと，図 2 のように放物線になる．したがって，物体が自由落下をするとき，物体の速度 v は時間 t に比例して大きくなり，落下距離 z は時間 t の 2 乗で大きくなる．

この実験では，物体を**自由落下**または**水平投射**させて，落下距離 z およびそれに要した時間の測定から重力加速度の大きさ g を求める．しかし，図 2 の z-t 図の放物線から重力加速度の大きさ g を求めるのは容易ではない．そこで横軸に t^2 をとって落下距離 z のグラフ (z-t^2 図) を描いてみると，図 3 のように直線になる．このときの直線の傾きを k とすると，落下距離 z は

$$z = \frac{1}{2}gt^2 = kt^2 \tag{6}$$

となって，t^2 に**比例係数 k で正比例する**ことになる．そこで，この実験では落下距離 z の値をいろいろ変えて，それぞれ落下に要する時間 t を測定し，図 3 のように z-t^2 図を作成して，この直線の傾き k を求めることにする．この直線の傾きが得られれば，式 (6) より，

$$k = \frac{1}{2}g \tag{7}$$

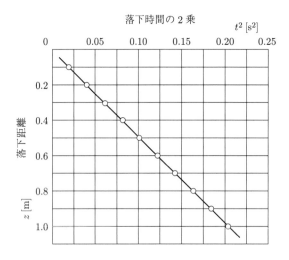

図 3 落下距離-落下時間の 2 乗 (z-t^2) 図

なる関係から，重力加速度の大きさ g が

$$g = 2k \tag{8}$$

と求まる．

3. 装置と方法

3.1 装置

電気式ストップウォッチ，投射台，衝撃センサ，試料鋼球，金属製直尺 (鋼尺)

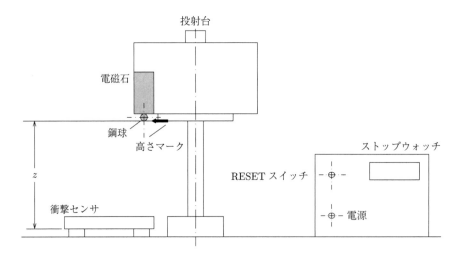

図 4 実験装置 外観

3.2 方 法

実験上の注意

投射台の高さをおおよそ設定した後，鋼尺で正確に測定すること．0.9, 0.8, $\cdots$, 0.1 m と切りのよい高さに投射台を調節しようとしてはいけない．そのようにすることは困難であるだけはなく，かえって不正確になる．

A. 自由落下による落下時間の測定

1. 衝撃センサと投射台を，図4のように配置する．
2. 衝撃センサとスタートボタンをストップウォッチ部に接続し，ストップウォッチの電源を ON にする．
3. 切り替えスイッチを「自由落下」にする．
4. 衝撃センサ上面から測った投射台の高さ z (高さマーク部の高さ) が約 1 m になるように投射台全体を上下して調節し，さらに投射台が水平になるように調節してから固定し，その高さ z を鋼尺で 1/10 mm の桁まで真横から見て読み取り，測定値を単位 [m] でノートに記録する．例) 0.9982 [m]
5. ストップウォッチの時間切り替えスイッチを 100 μs に合わせ，RESET スイッチを押した後，鋼球をスタート位置の穴に取り付ける (穴は高さマークのところにあり，電磁石部を下からのぞけば見える．鋼球は電磁石によって穴に固定される)．
6. スタートボタンを押して鋼球を落下させ，落下に要した時間 t [s] をストップウォッチの表示から読み取り，測定値を単位 [s] でノートに記録する．例) 0.4519 [s]
7. 同じ高さのまま，自由落下による測定をさらに 2 回繰り返す．
8. 投射台の高さ z を約 0.9 m, 0.8 m, 0.7 m, $\cdots$, 0.1 m と約 0.1 m ずつ低くしていき，同様の測定を行う．

B. 水平投射による落下時間の測定

1. 衝撃センサと投射台を，図4のように配置する．
2. 衝撃センサとスタートボタンをストップウォッチ部に接続し，ストップウォッチの電源を ON にする．
3. 切り替えスイッチを「水平投射」にする．
4. 投射台から水平投射される鋼球の着地点を考慮して，衝撃センサの位置を調整する．
5. 衝撃センサ上面から測った投射台の高さ z (高さマーク部の高さ) が約 1 m になるように投射台全体を上下して調節し，さらに投射台が水平になるように調節して固定して，その高さ z を鋼尺で 1/10 mm の桁まで真横から見て読み取り，測定値を単位 [m] でノートに記録する．例) 0.9982 [m]
6. ストップウォッチの時間切り替えスイッチを 100 μs に合わせ，RESET スイッチを押した後，鋼球をスタート台に乗せて斜面をころがして，水平投射をさせる．
7. 落下に要した時間 t [s] をストップウォッチの表示から読み取り，測定値を単位 [s] でノートに

30   実験課題 3　物体の自由落下による重力加速度の測定

記録する．例）0.4519 [s]

8. 同じ高さのまま，水平投射による測定をさらに 2 回繰り返す．

9. 投射台の高さ z を約 0.9 m，0.8 m，0.7 m，$\cdots$，0.1 m と約 0.1 m ずつ低くしていき，同様の測定を行う．

4.　測定結果

1. 自由落下による落下距離 z と落下時間 t の測定値を表 1 にまとめる．**表には，落下距離の単位はメートル [m] に，落下時間の単位は秒 [s] にして測定値を記入する．**

2. 3 回測定した落下時間の平均 t を計算し，表に記入する．

3. つぎに，落下時間の平均の 2 乗 t^2 を計算し，表に記入する．

4. 同様に，水平投射による落下距離 z と落下時間 t の測定値についても，表 1 と同じような表を作成してまとめる．落下時間の平均 t と落下時間の 2 乗 t^2 を計算し，表を完成させる．

表 1　落下距離 z と落下時間 t の測定値および t^2 の計算値

落下距離	落下距離	落下時間			落下時間平均	落下時間の 2 乗
目安 [m]	z [m]	t_1 [s]	t_2 [s]	t_3 [s]	t [s]	t^2 [s^2]
1.0	1.0010	0.4519	0.4521	0.4523	0.4521	0.2044
0.9	0.9015	0.4288	0.4285	0.4284	0.4286	0.1837
0.8	0.7990	0.4037	0.4037	0.4039	0.4038	0.1631
0.7	0.7013	0.3782	0.3782	0.3781	0.3782	0.1430
0.6	0.5990	0.3497	0.3498	0.3497	0.3497	0.1223
0.5	0.4999	0.3190	0.3191	0.3191	0.3191	0.1018
0.4	0.4010	0.2858	0.2858	0.2858	0.2858	0.0817
0.3	0.2995	0.2468	0.2466	0.2469	0.2468	0.0609
0.2	0.2013	0.2021	0.2021	0.2020	0.2021	0.0408
0.1	0.1015	0.1426	0.1425	0.1426	0.1426	0.0203

5.　解　析

1. 完成した表 1 の測定値から，図 3 のように z-t^2 図のグラフを作成する．横軸に「落下時間の 2 乗 t^2」を，縦軸に「落下距離 z」をとり，すべての測定値をプロットする．

2. 次に，透明な定規を使って，すべての測定点を考慮した最もふさわしい直線を引く．

3. このグラフから直線の傾き k を求める．直線の傾きを求めるためには，直線上の測定点以外のできるだけ離れた 2 点の座標を読み取るとよい．例として，直線上の 2 点 $(0.050\,\mathrm{s}^2, 0.254\,\mathrm{m})$，

$(0.200\,\mathrm{s}^2, 0.988\,\mathrm{m})$ を読み取った場合の直線の傾き k は，以下のように計算される．なお，途中の計算では有効数字よりも 1 桁多く求めておく．

$$k = \frac{\Delta z}{\Delta(t^2)} = \frac{0.988 - 0.254}{0.200 - 0.050} = \frac{0.734}{0.150} = 4.893\,\mathrm{m/s}^2$$

4. この値を式 (8) に代入して，重力加速度の大きさ g を求める．この実験の有効数字を考慮して，最終結果を求める．

$$g = 2k = 2 \times 4.893 = 9.786 = 9.79\,\mathrm{m/s}^2$$

5. 水平投射による測定値についても同様に解析し，重力加速度の大きさ g を求める．

6. 考 察

1. 得られた測定結果を標準値 g_0 の値と比較し，誤差について検討する．

$$百分率誤差 = \frac{g - g_0}{g_0} \times 100\%$$

2. 直線の傾きを最小二乗法から計算し，重力加速度の大きさを求める．

最小二乗法による直線の傾きの計算を行うために，表 2 のように計算に必要な量をまとめる．最小二乗法を用いる際にはこのような表を作成するのがよい．表 2 では，落下距離 z_i と落下時間の 2 乗 t_i^2 の値に加えて，$(t_i^2)^2$ と $t_i^2 z_i$ の値を計算する．有効数字の桁数に注意して計算を行い，表を完成させる．

表2 最小二乗法による重力加速度の決定に必要な計算値

落下時間の 2 乗 $t_i^2\,[\mathrm{s}^2]$	落下距離 $z_i\,[\mathrm{m}]$	$(t_i^2)^2\,[\mathrm{s}^4]$	$t_i^2 z_i\,[\mathrm{s}^2\mathrm{m}]$
0.2044	1.0010	0.04178	0.2046
0.1837	0.9015	0.03375	0.1656
0.1631	0.7990	0.02660	0.1303
0.1430	0.7013	0.02045	0.1003
0.1223	0.5990	0.01496	0.07326
0.1018	0.4999	0.01036	0.05089
0.0817	0.4010	0.006675	0.03276
0.0609	0.2995	0.003709	0.01824
0.0408	0.2013	0.001665	0.008213
0.0203	0.1015	0.0004121	0.002060
$\sum t_i^2 = 1.122$ $\left(\sum t_i^2\right)^2 = 1.259$	$\sum z_i = 5.505$	$\sum (t_i^2)^2 = 0.1604$	$\sum t_i^2 z_i = 0.7862$

32 実験課題 3 物体の自由落下による重力加速度の測定

最小二乗法による直線の傾き k は，以下の式で求められる．

$$k = \frac{n \sum t_i{}^2 z_i - \sum t_i{}^2 \sum z_i}{n \sum (t_i{}^2)^2 - (\sum t_i{}^2)^2} \qquad n \text{ はデータの個数}$$

表 2 で計算した数値を代入することで，最小二乗法による直線の傾き k が求まる．ここでの
データの個数は $n = 10$ である．このときの最小二乗法による直線の傾き k の計算値は

$$k = \frac{10 \times 0.7862 - 1.122 \times 5.505}{10 \times 0.1604 - 1.259} = 4.891 \,\mathrm{m/s^2}$$

である．よって，重力加速度の大きさ g は，

$$g = 2k = 2 \times 4.891 = 9.782 \,\mathrm{m/s^2}$$

となる．

3. 自由落下による実験と水平投射による実験とを比較して，得られた測定結果について考察する．

7.   考察補助課題

1. 重力加速度の大きさは地球上どこでも同じか．
2. 測定値を最も確からしく結ぶ直線の引き方は一通りとは限らない．それを考慮して求めた直線の傾きの精度を考えてみよ．

8.   研究課題

1. 重力は，地球が物体を引く万有引力と地球の自転による遠心力の合力である．測定する地点の高度が 100 m だけ異なると，重力加速度の大きさの測定値は何% くらい変わるのか？ 地球の平均半径を 6400 km として ±100 m で計算してみよ．また，地球上の最高地点 (エベレスト山頂上 8849 m) と最深地点 (マリアナ海溝 約 10920 m) で高度はほぼ ±10 km の違いがある．これだけ異なっていると，重力加速度の大きさは何% くらい変わるのだろうか？
2. 重力加速度の大きさを測定する方法には様々なものがある．ここでの測定で用いたものとは別の方法を調べよ．
3. 地球以外の惑星や衛星上での重力加速度の大きさを調べてみよ．重力加速度の大きさは何と関係しているのか？

MEMO

実験課題 4　気柱共鳴法による気体中の音速の測定

1. 目　的

気柱を音波で共鳴させて波長を測定し，気体中 (空気および炭酸ガス) における音速を求める．さらに，気体の分子量と音速との関係を調べる．

2. 理　論

媒質内で波長，周期，振幅の等しい二つの波動がお互いに反対向きに伝播するときに，干渉の結果，媒質内に固定されて進行しない波動を生ずる場合がある．これを **定常波** (Standing wave) という (定在波ともいう)．波長を測定するには，定常波を用いるのが最も便利である．

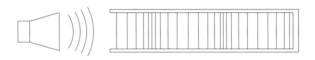

図 1　気柱内の音波

図 1 のように，一端を閉じた断面の一様な管の中に，連続的に音波が送りこまれる場合を考える (管の中では，音波は平面波と見なしてよい)．閉じている端では，空気は振動できず，そこで位相が半波長だけ変化した反射波が反対向きに送り出されることになる．これが上述の定常波を作り出す条件になる．管の中で定常的な振動が起こるためには反射波があるだけでは不十分で，図 2 のように

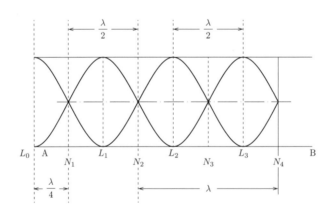

図 2　定常波

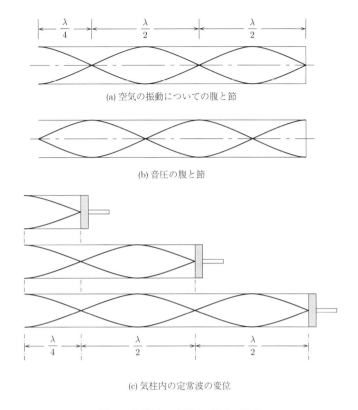

図 3 気柱内の変位と音圧の関係

閉じた端が振動の節になり，開いた端が振動の腹にならないと定常波は生じない．気柱内で定常波が生じると大きな音が聞こえる．この現象を気柱の**共鳴**という．

次に，気柱の共鳴における腹と節の意味について考えよう．図 3 (a) に気柱の振動の様式が説明されているが，音波は媒質中を伝播する縦波である．図 3 (a) は，腹や節の位置を明らかにするために，仮に横波の状態として表現したものである．腹の位置では，空気は激しく振動し，節の位置では平衡位置から動かない．これはあくまで管軸の方向における変位を示したものである．音の大きさという問題には，疎密波の通過に伴う圧力の変化が関係する．この圧力を音圧といい，音圧の変化は変位最小のところで最大に，変位最大のところで最小になる．すなわち，横波の形で表現すれば，図 3 (b) のように，腹と節の位置が $\lambda/4$ だけずれることになる．そして，隣り合う節と節の間，あるいは腹と腹の間の距離は $\lambda/2$ に等しい．

音波の波長を λ，振動数を f とすれば，伝播速度，すなわち音速 c は

$$c = \lambda f \tag{1}$$

で求まる．この式から，気柱共鳴法により音波の波長が求まれば，音速がわかる．

また，温度が $t\,[^\circ\mathrm{C}]$ のときの音速を $c(t)\,[\mathrm{m/s}]$，$0\,^\circ\mathrm{C}$ のときの音速を $c(0)\,[\mathrm{m/s}]$，音速の温度係数を $\alpha\,[(\mathrm{m/s})/^\circ\mathrm{C}]$ とすると，次式のような関係にあることが知られている．

$$c(t) = c(0) + \alpha t \tag{2}$$

ここで，温度係数 $\alpha\,[(\text{m/s})/℃]$ の値は，空気の場合は 0.607，炭酸ガスの場合は 0.870 である．したがって，測定された音速を以下の式 (3) により気体温度 0 ℃ のときの音速に換算できる．

$$c(0) = c(t) - \alpha t \tag{3}$$

3. 装置と方法

3.1 装置

目盛つき共鳴管，共鳴管用台，ピストンおよび操作棒，操作棒ガイド，低周波発振器，周波数カウンタ，スピーカ，炭酸ガス，炭酸ガス濃度計

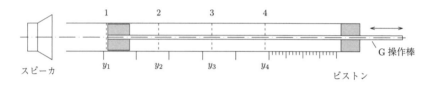

図 4　実験装置外観

3.2 方法

> **実験上の注意**
> 目盛つき共鳴管への炭酸ガスの注入は担当教員が行うので，勝手に行わないこと．

A. 空気中での音速の測定

1. 室温 t を机上の温度計で測定し，記録する．
2. 図 4 のように，共鳴管の開口端の近くにスピーカを設置する．
3. 低周波発振器の電源スイッチを ON にし，周波数カウンタから正確な周波数 $f\,[\text{Hz}]$ を読み取り，記録する．
4. 図 4 のように，共鳴管中のピストンを開口端からゆっくり動かして，気柱が共鳴する位置 (共鳴点) を探す．音の大きさが最大になる位置が共鳴点である．最初に共鳴音が確認できた位置が 1 番目の共鳴点 (N = 1) である．その位置を目盛から読み取り，y_1 とする．
5. さらに，ゆっくりとピストンを動かし，順に 2 から 6 番目までの共鳴点 (N = 2 ~ 6) の位置 y_2, y_3, y_4, y_5, y_6 を目盛から読み取る．
6. この測定を班の全員が 1 回ずつ行う．

B. 炭酸ガス中での音速の測定

1. 共鳴管中に炭酸ガスを充満させる．このとき，炭酸ガス濃度計が 98.0% 以上を示すまで待つ．
2. A. の 1. から 6. の手順を炭酸ガス中についても行う．

4. 測定結果

空気中での測定と炭酸ガス中での測定，それぞれの場合について，測定に用いた発振器の周波数 f，室温 t，各人の測定した共鳴点の位置 $y_1, y_2, y_3, y_4, y_5, y_6$ および，その平均 $\langle y_1 \rangle, \langle y_2 \rangle, \langle y_3 \rangle, \langle y_4 \rangle, \langle y_5 \rangle, \langle y_6 \rangle$ の値を，単位を明記して表1のようにまとめる．

表1 各人の測定した共鳴点の位置 (空気中の場合)

周波数 $f = 1802\,\mathrm{Hz}$　室温 $t = 18.2\,°\mathrm{C}$

測定者	共鳴点 [cm]						
	y_1	y_2	y_3	y_4	y_5	y_6
測定者 A	13.18	22.89	32.41	42.02	51.82	61.25
測定者 B	12.74	22.48	32.26	41.98	51.31	61.15
測定者 C	13.01	22.80	32.10	42.11	50.15	60.45
平　均	12.98	22.72	32.26	42.04	51.09	60.95

次に，図5のように，グラフの横軸に共鳴点の番号 (N) を，縦軸に平均値 $\langle y_1 \rangle, \langle y_2 \rangle, \langle y_3 \rangle, \langle y_4 \rangle, \langle y_5 \rangle, \langle y_6 \rangle$ をプロットする．データ点全体を見渡し，最も確からしい直線を引く．

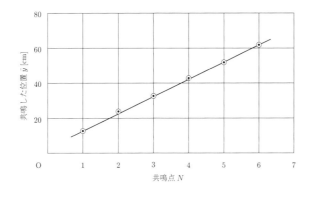

図5 気柱内での共鳴点の位置

5. 解　析

気柱には発振器の周波数と等しい周波数の定常波が生じたことになる．その波長 λ を図5のグラフの傾きから求める．その後，音波の気柱内における音速を，式 (1) $c = \lambda f$ より計算する．

理論の図3より，共鳴点間の距離は半波長 $\lambda/2$ に等しいので，図5に引いた直線の傾きが $\lambda/2$ となる．

したがって，波長 λ は，直線の傾きを a とすると，$\lambda = 2a$ で計算できる．

38 実験課題 4 気柱共鳴法による気体中の音速の測定

空気中の音速の測定 (計算例)

図 5 の直線の傾き a は直線上の 2 点をグラフから読み取って計算する.

$$a = 9.45\,cm$$

したがって, 波長 λ は

$$\lambda = 2a = 2 \times 9.45\,cm = 18.9\,cm$$

となる.

式 (1) より, 音速 $c = \lambda f$ なので, 室温 t [℃] における空気中の音速 $c(t)$ [m/s] は

$$c(t) = 18.9\,cm \times 1802\,Hz = 3.406 \times 10^4\,cm/s = 341\,m/s$$

と計算できる. ここで, 周波数の単位について, Hz = 1/s である.

同様に, 炭酸ガス中の音速も計算する.

6. 考 察

1. 得られた測定結果を既知の値と比較し, 誤差について検討する.

   ただし, 以下のようにすること.

   ① 各気体中での音速の測定値を理論の式 (3) に従って, 気体温度 0 ℃ の時の音速に換算する.

   ② その 0 ℃ に換算した音速を既知の値と比較し, 誤差について検討する.

2. 分子量と音速の間にどのような関係があるかを調べる. まず, 横軸に分子量 M, 縦軸に 0 ℃での音速 $c(0)$ [m/s] をとって, 測定した空気中と炭酸ガス中の音速を両対数グラフにプロット

表 2　各種気体の分子量 (M) および 0 ℃ での音速の実測値

気体名称	化学式	分子量	音速 $c(0)$ の実測値 [m/s]
水素	H_2	2	1,270※
ヘリウム	He	4	970※
ネオン	Ne	20	435※
アルゴン	Ar	40	319※
塩素	Cl_2	71	205※
空気	(Air)	29	実験値の 0 ℃ 換算値
炭酸ガス	CO_2	44	実験値の 0 ℃ 換算値

※印　他の研究から得られている 0 ℃ での音速の実測値 (理科年表より)

空気の分子量：空気は主として, 窒素 N_2 (78.1%) と酸素 O_2 (20.9%) の混合物であると考え, 窒素の分子量は 28, 酸素の分子量は 32 であるとして, 平均をとっている.

せよ．この 2 点に加えて，他の研究から得られている，水素，ヘリウム，ネオン，アルゴン，塩素ガス中それぞれの 0 ℃ での音速 $c(0)$ [m/s] の実測値 (下記の表 2) も併せてプロットせよ．次に，プロットした点に直線を当てはめて，その傾きから，$c(0)$ [m/s] が M の何乗に比例しているか求めよ．

7. 考察補助課題

1. 直線の傾きを別の方法 (例えば，最小二乗法) で求めて音速を計算せよ．
2. 炭酸ガス中の音速の測定の際，気柱に空気が混じっていたら測定結果にどのような影響を与えるか考察せよ．
3. 実験で使用した炭酸ガスは，ボンベ中の液化炭酸ガスを気化させて取りだしたものである．この場合，炭酸ガスの温度が気温と異なることも考えられる．
   まず，液化ガスを気化させたときの温度変化について調べよ．
   次に，各自の測定した炭酸ガス中の音速が，既知の値と合うのは何 ℃ のときか計算してみよ．この温度は妥当かどうか検討せよ．

8. 研究課題

1. 図 5 に引いた直線の傾きがなぜ $\lambda/2$ になるのか考えてみよ．
2. 各自の測定値ではなく班員の平均値を使うのはなぜか考えてみよ．
3. 共鳴現象について調べよ．
4. 液体や固体を伝わる音について調べてみよ．気体の場合と何が違うか比較せよ．
5. 雷は，まず稲光が光り，その後しばらくしてから雷鳴が聞こえる．これは光速と音速の違いによるものである．この現象を利用すれば，雷の発生場所が観測者からどの程度離れているのか，その距離を見積もることができる．
   例えば，稲光が光ってから 10 秒後に雷鳴が聞こえたとしたら，雷の発生場所までの距離はいかほどか，各自の測定した空気中の音速を用いて計算してみよ．ただし，気温は各自の実験時と同じものとする．
6. 「気体の分子量」と「気体中の音速」の関係について調べよ．**考察**の 2. で確かめたことは正しかったか検討せよ．

実験課題 5　弦の振動による交流周波数の測定

1. 目 的

励振器を用いて弦に定常波を発生させ，交流の周波数を測定する．

2. 理 論

図1に示すように，おんさの一端Bに弦を取り付け，滑車をとおしておもりをつるし，弦を張った状態でおんさを振動させる．弦の長さまたは弦を引く力(おもりの質量)を大きくしたり小さくしたりすると弦に定常波が発生する．定常波とは，時間とともに移動しない波のことであり，まったく振動しない部分(節という)と大きく振動する部分(腹という)が交互に並ぶ．このような定常波からおんさの振動数を求めることができる．

線密度(弦の単位長さあたりの質量) $\rho\,[\mathrm{kg/m}]$ の弦が，大きさ $T\,[\mathrm{N}]$ の力で張られているとき，これを伝わる横波の速さ $v\,[\mathrm{m/s}]$ は

$$v = \sqrt{\frac{T}{\rho}} \tag{1}$$

で与えられる．おんさの振動で作られた波は弦を伝わり固定端Aに到達する．そこで反射した波が入ってくる波と干渉し，ある条件が満たされたときだけ定常波が発生する．

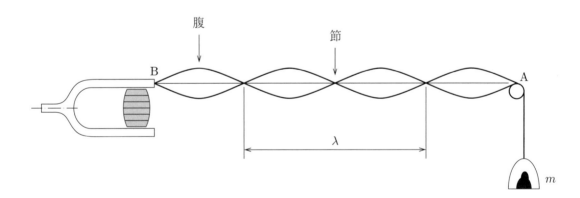

図1　弦の振動と定常波

図1からわかるように，弦の両端AとBはいずれも節となる．このとき，図2のように，長さL [m]の弦にちょうどP個の腹のある定常波ができる．このPをモード数という．隣り合う節と節の間の距離は波長λ [m]の1/2なので，

$$\frac{\lambda}{2} = \frac{L}{P}$$

であり，これより波長λは

$$\lambda = \frac{2L}{P} \quad (2)$$

となる．

横波の速さv [m/s]，周波数(振動数) f [Hz]，波長λ [m]には$v = f\lambda$の関係が成り立つ．したがって，横軸を波長λ，縦軸を速さvとしたグラフを描くと，その傾きが周波数fとなる．

ここでは，おんさのかわりに交流で振動する励振器を用いて弦を振動させ，交流の周波数を求める．実験では，$P = 3$から9までの定常波を発生させ，そのときの弦を引く力の大きさとモード数から振動数を求める．

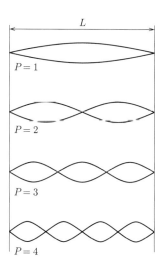

図2 定常波

3. 装置と方法

3.1 装置

銅線(弦)，励振器(バイブレーター)，ばねはかり(最大値200 g，最小目盛2 g)，アンビル，スライダック(スライドトランス)，メジャー

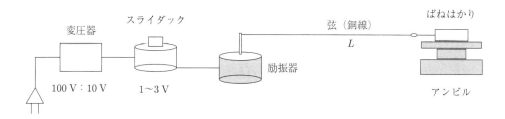

図3 実験装置 外観

3.2 方法

1. 図3のように，励振器とばねはかりは弦(銅線)で結ばれており，この間を引く力はばねはかりをのせたアンビルを弦の方向に前後して調整する．
2. メジャーで弦の長さLを測定する．最小目盛の10分の1まで目分量で読み取ること．
3. 励振器とスライダックとの配線状況を確認し，励振器に1～3 Vの電圧を加える．そして，アンビルを前後させて弦を引く力の大きさを調整し，$P = 9$の定常波(腹が9個の定常波)を発

42　実験課題 5　弦の振動による交流周波数の測定

生させる.

4. ばねはかりの読み m を読み取る.

5. アンビルを前後させて弦を引く力の大きさを調整し，モード数を $P = 8, 7, 6, \cdots$ と 1 ずつ減少させながら，その都度ばねはかりの読みを記録する.

   ただし，P の値は 3 までとし 2 と 1 は絶対に試みてはいけない．装置が破損する恐れがある.

4.　測定結果

測定結果は，以下のような表を作成してまとめる.

表1　弦の長さと線密度

弦の長さ	$L =$	m
線密度 (机上データ参照)	$\rho =$	kg/m

表2　モード毎のばねはかりの読み

モード数 (P)	ばねはかりの読み m [g]
9	
8	
7	
6	
5	
4	
3	

5.　解　析

以下に従って計算した値を表 3 に記入し，グラフを描いて周波数を求める.

1. 式 (2) を用いて，弦の長さ L とモード数 P から弦を伝わる波の波長 λ [m] を求める.

2. ばねはかりの読みを [kg] 単位に換算し，重力加速度の大きさ $g = 9.80 \, \mathrm{m/s^2}$ をかけて弦を引

く力 $T\,[\mathrm{N}]$ を求める.
3. 式 (1) を用いて,弦を伝わる波の速さ $v\,[\mathrm{m/s}]$ を計算する.
4. 横軸を波長 λ,縦軸を速さ v としたグラフを描き,プロットした点にあうように直線を引く.
5. 直線上の 2 点の座標をグラフから読み取り,グラフの傾きを求める.この傾きが求めるべき周波数である.
6. 求めた振動数と,商用電源周波数 (西日本では 60 Hz) の百分率誤差を求める.

表 3　弦を伝わる波の波長と速さの計算例

モード数 (P)	波長 $\lambda\,[\mathrm{m}]$	弦を引く力 $T\,[\mathrm{N}]$	速さ $v\,[\mathrm{m/s}]$
9	0.3413	0.117	20.5
8	0.3840	0.145	22.9
7	0.4389	0.192	26.3
6	0.5120	0.261	30.7
5	0.6144	0.376	36.8
4	0.7680	0.588	46.0
3	1.024	1.05	61.5

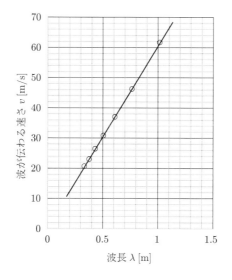

図 4　弦を伝わる波の波長と速さの関係

振動数の測定 (計算例)

図 4 の直線の傾きを求めるため,直線上の 2 点の座標をグラフから読み取る.

2 点の座標　$(1.10, 66.7), (0.30, 18.3)$

44 　実験課題 5 　弦の振動による交流周波数の測定

これより，傾きを求めると

$$a = \frac{66.7 - 18.3}{1.10 - 0.30} = 60.5\,\text{Hz}$$

これが求める振動数である．

6. 　考　察

1. 誤差が生じる原因について検討する．
2. 以下に従って表 4 を作成し，グラフの直線の傾き (求める振動数に等しい) を最小二乗法で求める．

　横軸を波長 λ_i，縦軸を波の速さ v_i としたグラフの直線の傾き a は，最小二乗法を適用すると以下の式で求めることができる．

$$a = \frac{n \sum \lambda_i v_i - \sum \lambda_i \sum v_i}{n \sum \lambda_i{}^2 - (\sum \lambda_i)^2}$$

表 4 のように結果を整理すると，傾きの計算を容易に行うことができる．

表4 　最小二乗法による計算 (データの個数は $n = 7$)

i	波長 λ_i [m]	速さ v_i [m/s]	$\lambda_i v_i$	$\lambda_i{}^2$
1	0.3413	20.5	6.997	0.1165
2	0.3840	22.9	8.794	0.1475
3	0.4389	26.3	11.54	0.1926
4	0.5120	30.7	15.72	0.2621
5	0.6144	36.8	22.61	0.3775
6	0.7680	46.0	35.33	0.5898
7	1.024	61.5	62.98	1.049
合計	$\sum \lambda_i = 4.083$	$\sum v_i = 244.7$	$\sum \lambda_i v_i = 163.97$	$\sum \lambda_i{}^2 = 2.735$

計算例

$$a = \frac{7 \times 163.97 - 4.083 \times 244.7}{7 \times 2.735 - 4.083^2} = 60.1\,\text{Hz}$$

7. 考察補助課題

1. ばねはかりの読みの測定には不確かさが伴う．この不確かさが，求める振動数の精度にどの程度影響するだろうか．例えば，モード数 $P = 6$ での，ばねはかりの読みについて，その最小目盛 (2g) の $\pm 1/4$ 程度の測定誤差があるとする．下記を参考にして，この誤差が求める振動数にどれくらいの誤差を与えるか評価せよ．

   振動数 f は，

$$f = \frac{v}{\lambda} = \frac{P}{2L}\sqrt{\frac{T}{\sigma}} = \frac{P}{2L}\sqrt{\frac{mg}{\sigma}} \tag{3}$$

   で計算することができる．ばねはかりの読みの誤差 (Δm) を考慮して，ばねはかりの読みの測定値 m の上限値 $m + \Delta m$ と下限値 $m - \Delta m$ を代入して周波数 f にどの程度の誤差が生じるかを調べるのは正当な方法であるが，いろんなモード数に対して行うと計算が少し面倒である．そこで，以下のように考えれば，容易に誤差を評価できる．

   式 (3) において，P，$2L$，g，σ は決まった値で誤差がないとすると，周波数 f は $\sqrt{m}$ に比例する．比例係数を c とすると $f = c\sqrt{m}$ と書くことができる．両辺の自然対数 (底が e の対数) を取ると，

$$\log f = \log c + \frac{1}{2}\log m$$

   である．自然対数の微分を取れば (c は定数なので，$\log c$ の微分は 0)，

$$\frac{df}{f} = \frac{1}{2}\frac{dm}{m}$$

   となる．例えば，m の相対誤差 $\dfrac{dm}{m}$ が 1% なら，f の相対誤差 $\dfrac{df}{f}$ は 1% の $\dfrac{1}{2}$ なのでで 0.5% と簡単に評価することができる．

2. モード数 P を縦軸に，弦を引く力の大きさ T を横軸に取り両対数グラフを作成せよ．そのグラフの直線の傾きが $-\dfrac{1}{2}$ になることを確認し，その理由を考えよ．

8. 研究課題

1. 測定で求まるのは弦の振動数である．この振動数と電源の交流周波数は何故等しいのか？
2. 商用の交流電源の周波数は日本国中どこでも同じか？ 調べよ．
3. 式 (1) を使って計算した「速さ v」とは，「いったい，何が？ どの方向に？ 移動するのか」考えよ．
4. 今回用いた方法は「メルデの方法」と呼ばれている．実際にどのような場面で利用されているのか調べてみよ．

実験課題 6　ダイヤルゲージによる金属の線膨張係数の測定

1. 目 的

ダイヤルゲージを使用して温度上昇による金属棒の膨張量を測定し，線膨張係数を求める．

2. 理 論

物質は，その状態に関係なく，温度の上昇と共に体積が増加する．これを熱膨張とよぶ．ここでは固体の熱膨張が起こる仕組みをミクロな視点から考えてみる．

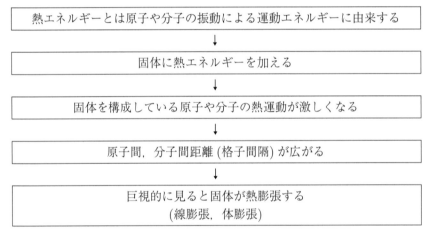

本実験では，固体の長さの熱膨張，つまり線膨張について実験を行い，温度変化に対する線膨張量の割合を表す線膨張係数を求める．まずは，測定値と線膨張係数との関係を導出する．

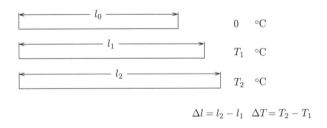

$\Delta l = l_2 - l_1 \quad \Delta T = T_2 - T_1$

図1　線膨張

図1のように，ある物体の0 ℃における長さをl_0とし，温度が上昇してT_1 [℃]とT_2 [℃]になった時の長さを，各々l_1, l_2とすれば，

$$l_1 = l_0(1 + \alpha T_1) \tag{1a}$$

$$l_2 = l_0(1 + \alpha T_2) \tag{1b}$$

の関係が成り立つ．ここで，式(1b)と式(1a)の両辺の差を取り，式を変形すると，

$$\alpha = \frac{l_2 - l_1}{l_0 \cdot (T_2 - T_1)} = \frac{\Delta l}{l_0 \cdot \Delta T} \tag{2}$$

となる．α (アルファ) は長さの変化の温度係数であり，線膨張係数と呼ばれる．式(2)のl_0の代わりに室温における物体の長さlを使用しても，一般的には差支えない ($l_0 \fallingdotseq l$)．この場合，式(2)は

$$\alpha = \frac{\Delta l}{l \cdot \Delta T} \tag{3}$$

となる．室温における長さlと，温度の変化量ΔT，物体の膨張量Δlが求まれば，式(3)より線膨張係数を求めることができる．

実際の実験においては，物体の膨張量は微小であるので，その測定には工夫が必要である．例えば，光のテコや球指 (たまざし)，差動変圧器などが使用されている．ここでは取扱いが簡単で，1/1000 mmまで読み取れる精度の良いダイヤルゲージを使用する．

3. 装置と方法

3.1 装　置

試料加熱器，蒸気発生器，温度計 (2本)，ダイヤルゲージ，金属製直尺 (鋼尺)，試料棒 (鋼鉄，銅，黄銅，アルミニウム)，分度器

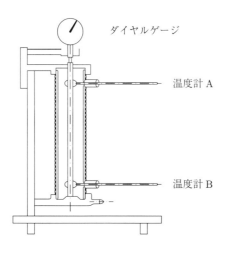

図 2　試料加熱器

3.2 方 法

> **実験を行うにあたっての注意事項**
> 1. 火傷を防ぐためため蒸気発生器および発生する蒸気に十分に注意する.
> 2. ガス漏れや空焚きをしないように，火の取り扱いには十分に注意する.
> 3. 蒸気を流す前のダイヤルゲージ D の読みを $D_1 = 0\,\text{mm}$ とする間違いを犯さないように注意する．$D_1 = 0.000\,\text{mm}$ であれば，ダイヤルゲージの測定方法と有効数字を理解しているとみなせるが，手作業で $0.000\,\text{mm}$ に調節するのは非常に困難であるので，ダイヤルゲージを $D_1 = 0$ 付近にセットした時の値を $1/1000\,\text{mm}$ まで読み，その値を D_1 とするほうが現実的である.

1. 蒸気発生器に水を 7 分目ほど (水位計の赤線と黒線の間) 入れてからガスに火をつける．蒸気が発生するまでのあいだに，次の手順を進めておく.
2. 温度計 A, B を取り付ける.
3. 室温における試料の長さ l を測定する.
4. 試料棒を試料加熱器に挿入する.
5. 図 2 に示すようにダイヤルゲージを試料棒の上部に，セットする.
6. 水のチューブを試料加熱器につなぎ水を通す.
7. 温度計 A と B の読みがほぼ同じ値になり，ダイヤルゲージの指針が安定するまで待つ.
8. ダイヤルゲージの外側リングを回し目盛板を回転させ，目盛の 0 (ゼロ) を指針に合わせる.
9. 温度 T_{A1} と T_{B1} を温度計 A と B から読み取り記録する
10. ダイヤルゲージを $1/1000\,\text{mm}$ まで読み取り，その値を D_1 として記録する.

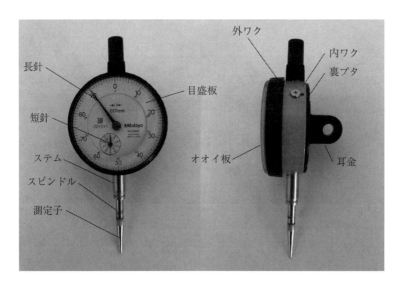

図 3 ダイヤルゲージ各部の名称

11. いったん火を止め，水のチューブを外して，蒸気のチューブを試料加熱器へつなぐ．

12. 再び火を点け蒸気を試料加熱器へ通す．

13. 温度計 A と B の読みがほぼ同じ値になり，ダイヤルゲージの指針が安定するまで待つ．

14. 温度 T_{A2} と T_{B2} を温度計 A と B から読み取り記録する．

15. ダイヤルゲージを 1/1000 mm まで読み取り，D_2 として記録する．

16. 蒸気のチューブを試料加熱器から外し，水のチューブに付け替える．

17. 水を通して温度を下げる

18. 十分に冷えたら試料棒を取り出す．

19. 別の試料に入れ替え，同様の手順を繰り返す．

4. 測定結果

表 1 のように試料ごとに測定値をまとめる．温度については，各温度計 A, B の読みの平均を取って，水中での温度 T_1，蒸気中での温度 T_2 として表 1 に記しておく．

試料名： 黄銅

室温における試料の長さ： $l = 500.1 \, \mathrm{mm}$

表 1 温度とダイヤルゲージの読み (黄銅)

水 中		蒸気中	
温度 T_{A1} [℃]	27.5	温度 T_{A2} [℃]	99.5
T_{B1} [℃]	27.6	T_{B2} [℃]	99.3
平均 T_1 [℃]	27.55	平均 T_2 [℃]	99.40
ダイヤルゲージ D_1 [mm]	0.122	ダイヤルゲージ D_2 [mm]	0.824

5. 解 析

表 1 に記した値を用いて，温度変化と膨張量から式 (3) を使って以下の様に線膨張係数を計算する．

温度変化 $\quad \Delta T = T_2 - T_1$

膨張量 $\quad \Delta l = D_2 - D_1$

線膨張係数 $\quad \alpha = \dfrac{\Delta l}{l \cdot \Delta T} \quad [1/℃]$

各試料の線膨張係数を以下の表 2 にまとめる．

50 実験課題 6 ダイヤルゲージによる金属の線膨張係数の測定

表2 各試料の線膨張係数の測定結果

試料名	線膨張係数 [　　　]
鋼鉄	
銅	
黄銅	
アルミニウム	

6. 考 察

1. 得られた測定結果を既知の値と比較し，誤差について検討する．
2. 測定の際に，ダイヤルゲージの測定子が傾いていた場合，測定値にどの程度の影響が出るかを，ダイヤルゲージを実際に傾けて測定し考察する．

7. 考察補助課題

1. 「理論」では「l_0 の代わりに室温における物体の長さ l を使用しても，一般的には差し支えない」と書かれている．これの妥当性について議論せよ．
2. 試料の長さは約 30 cm に対して 0.1 mm の精度，伸びは約 1 mm に対して 1/1000 mm の精度，温度差は約 80 ℃ に対して 0.2 ℃ の精度で測定できたとする．この時得られた線膨張係数の有効数字は何桁くらいと考えられるか．

8. 研究課題

1. 0 ℃ のときに 10 m の長さの金属の棒があったとする．これを 50 ℃ まで温めたら何 cm 伸びるだろうか？ 今回測定した4種類の金属について，各自の実験で得られた線膨張係数を用いて計算してみよ．
2. 金属の種類ごとの線膨張係数の違いについて議論せよ．
3. 鋼鉄製の電車のレールが夏冬の寒暖差で伸び縮みすることが知られている．実際の事例を調べてみよ．
4. 体膨張について調べよ．体膨張と線膨張の関係についても調べてみよ．
5. 今回の測定ではダイヤルゲージを使っている．このダイヤルゲージは一般的にはどのような測定に用いられているのか調べてみよ．
6. 微小な膨張量を測る方法として，「理論」にはダイヤルゲージ以外に光のテコや球指 (たまざし)，差動変圧器が例として挙げられている．それぞれ，どのようなものなのか調べてみよ．

MEMO

実験課題 7　レーザー光の回折と干渉の実験

1.　目　的

　レーザー光が狭いスリットを通過したあと回折すること，また近接して置かれた2本のスリットによって互いに干渉することを通して，光が「波動」であることを確かめる．そして，これらの実験からレーザー光の波長やスリット幅を求める．

2.　理　論

A.　回折と干渉

　光をはじめとする波動は，障害物の背後など幾何学的には到達できないようなところにも回り込んでいく．この現象を「回折」という．例えば，携帯電話の電波が建物の裏側でも届くのは，回折によって電波が回り込んでくることによる．

　また，2つ以上の波動が，同一の場所に存在するとき，波の重ね合わせにより強めあったり弱めあったりする．この現象を「干渉」という．波の山と山 (または谷と谷) が一致すると強めあいが起こる．逆に，山と谷が一致すると，打ち消しあって弱めあうことになる．いま，2つの波源から同じ波長の波が同時に同じ位相で送り出されたとする．任意の点に2つの波源からの波が到達したとき，強め合うための条件は，2つの波源からの距離をそれぞれ L_1, L_2 とすると

$$|L_1 - L_2| = m\lambda \quad (m = 0, 1, 2, \cdots)$$

と書くことができる．同様にして，弱めあう条件は

$$|L_1 - L_2| = \left(m + \frac{1}{2}\right)\lambda \quad (m = 0, 1, 2, \cdots)$$

となる．ここで，$|L_1 - L_2|$ は経路差と呼ばれる．したがって，強めあいが起こるのは，経路差が波長の整数倍のときということができる．

B.　二重スリットによる光の干渉 (ヤングの実験)

　ヤング (Young, 1801 年) は以下のような実験によって，光が「干渉」することを示し，光が「波動」であることの重要な根拠を示した．

　図1のように配置された装置において，レーザー光源を出た波長 λ の光が，光源から等距離にある近接した2本のスリット S_1, S_2 に同時に到達する．それぞれのスリットで回折して同じ位相で出た2つの光は，それぞれが前方のスクリーンに到達する．このとき，2つの光が干渉して，スクリーン上に明暗の縞模様ができる．S_1 からの光の山と S_2 からの光の山 (または谷と谷) が重なり合う点で

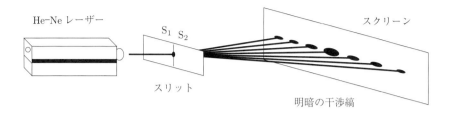

図 1　ヤングの実験

は光は強め合って明るくなり，山と谷が重なり合う点では弱め合って暗くなる．

ここでスクリーン上で強めあったり，弱めあったりする位置 y (スクリーン上の中心線から測った距離) を表す式を求める．図 2 のように近接した 2 本のスリット S_1 と S_2 の間隔を D，スリットとスクリーン間の距離を L とする．ある位置において明るくなるか (強めあうか)，暗くなるか (弱めあうか) は，2 本のスリットから P 点までの経路差によって決まる．L が D に比べてじゅうぶん大きい場合，スリットから出た 2 つの光線は平行と見なしてよい．このとき，図からわかるように 2 つの波の経路差は S_2 から A までの距離 $D\sin\theta$ に等しいと近似できるので，干渉の条件は

$$明線 \quad D\sin\theta = m\lambda \tag{1a}$$

$$暗線 \quad D\sin\theta = \left(m + \frac{1}{2}\right)\lambda \tag{1b}$$

となる．θ を回折角という．ここで m は回折の次数と呼ばれ，$m = 0, \pm 1, \pm 2, \pm 3, \cdots$ である (複号になるのは，図 2 で中心線の上下に明暗の縞模様ができるため)．回折角 θ がじゅうぶん小さいと

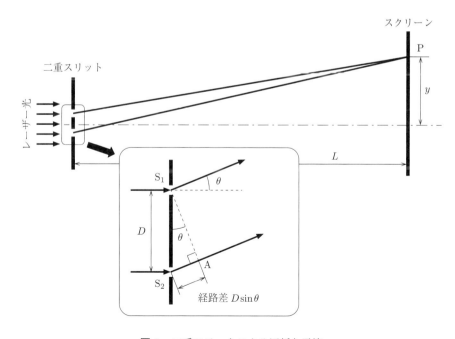

図 2　二重スリットによる回折と干渉

54　実験課題 7　レーザー光の回折と干渉の実験

きは,

$$D\sin\theta \approx D\tan\theta = D\frac{y}{L}$$

と, 近似できるので, 式 (1b) の暗線について考えると,

$$D\frac{y}{L} = \left(m + \frac{1}{2}\right)\lambda \tag{2}$$

となる. したがって, 暗線の位置 y は

$$y = \frac{L\lambda}{D}\left(m + \frac{1}{2}\right) \tag{3}$$

となる. この式より, スリット幅 D が小さいほど干渉縞の間隔は広がることがわかる. また, 式 (3) は $\left(m + \frac{1}{2}\right)$ を横軸, 暗線の位置 y を縦軸としてグラフを描くと, 直線となることを示しており, その傾き a は

$$a = \frac{L\lambda}{D} \tag{4}$$

である. したがって, いくつかの次数に対して暗線の位置 y を測定し, グラフを描き, 傾き a を求めればレーザー光の波長 λ を

$$\lambda = \frac{Da}{L} \tag{5}$$

から求めることができる.

C.　単スリットによる光の回折の実験

　単スリットに垂直にレーザーを入射させても, スクリーン上に明暗の縞模様が観測される. これはフラウンホーファー (Fraunhofer) 回折と呼ばれる. スリットは有限の幅をもつので, ホイヘンス (Huygens) の原理により, スリットに達した波面上の各点が新しい波源となって素元波を発生し, これらの素元波が干渉し合ってスクリーン上に明暗の縞模様をつくる. いま, 図 3 (a) のようにスリットの両端 A と B で回折した波の経路差 $d\sin\theta$ が, レーザー光の波長 λ に等しい場合を考える. このとき, A とスリットを 2 等分する点 C から出た波の経路差は $\frac{\lambda}{2}$ となり, これら 2 つの波は弱めあう. 同様に, A からある距離はなれた点から出た光と, C から同じ距離はなれた点から出た光も弱めあう. したがって, AC 間から出た光と CB 間から出た光が弱めあい, 全体として暗線が観察される. つぎに, 図 3 (b) のようにスリットの両端 A と B で回折した波の経路差 $d\sin\theta$ が, $\frac{3}{2}\lambda$ の場合を考える. このとき, A とスリットを 3 等分する点 C から出た波の経路差が $\frac{\lambda}{2}$ となり, AC 間から出た光と CD 間から出た光が弱めあう. しかし, DB 間から出た光はそのまま残るため, スクリーン上では明るく観察される. 以上から, スリットの両端 A と B で回折した波の経路差 $d\sin\theta$ が, $\frac{\lambda}{2}$ の偶数倍のとき (経路差が $2m\frac{\lambda}{2} = m\lambda$ のとき, m は整数) は, スリットを偶数個に分割することができ, 隣り合う領域間で弱めあいが起こるため暗線となることがわかる. したがって, 暗線が観察される条件は,

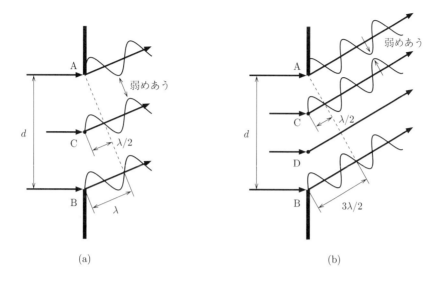

図 3 単スリットによる回折と干渉

$$d\sin\theta = \frac{dy}{L} = m\lambda \qquad (m = \pm 1, \pm 2, \pm 3, \cdots) \tag{6}$$

となる．ここで，$m = 0$ のときは $\theta = 0$ であり，スリットを通過した光は直進するので暗線にはならない．暗線の位置 y は，

$$y = \frac{L\lambda}{d}m \tag{7}$$

と書くことができ，二重スリットの場合と同様に次数 m と暗線の位置 y の関係をグラフにすると直線となる．その傾き a は，

$$a = \frac{L\lambda}{d} \tag{8}$$

であるので，スリット幅 d が既知であればレーザー光の波長 λ が，λ が既知であれば d が求められる．

3. 装置と方法

3.1 装 置

レーザー装置 (He-Ne ガスレーザー)，スタンド，スリット，スクリーン，メジャー，金属製直尺 (鋼尺)

3.2 方 法

> **注意**
> レーザー光を絶対に目に入れないこと！

A. 二重スリットによる回折の測定

1. 光源として He-Ne レーザーを使用し，これを実験台の一端に置き，壁に白紙を貼り付けたスクリーンを置く．レーザー装置から出ているレーザー光のスポットをスクリーンの中心にあてる．

2. 図 1 のようにレーザーの近くに二重スリットが作られたスライドガラスを置き，スリットの中心の部分にレーザー光をあてる (スリットはスクリーンから 2 m 程度離す)．なお，図 4 のようにスライドガラスには間隔が異なる二重スリットが 3 つと単スリットが作られている．

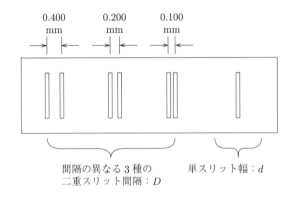

図 4 実験用スライドガラス

3. 最初に $D = 0.100$ mm のスリットについて測定を行う．レーザー光に対しスリット面を垂直に置き，スリットの位置を調整して，スクリーン上に干渉縞が明るく鮮明になるようにする．

4. スクリーン上に現れた干渉縞の暗い部分の中央に印を付ける (図 5 参照)．なお測定する暗線の数は，左右それぞれ 5 個でよい．

5. 最後に，スリットとスクリーンとの間の距離 L をメジャーで測定する．このとき，スライドガラスに触れないように注意をすること (メジャーがスライドガラスに触れると，動いて距離が変わるため)．

6. スクリーンの紙を取り替え，二重スリットを $D = 0.200$ mm，0.400 mm の二重スリットについても，1 から 5 の操作を繰り返す．

B. 単スリットによる回折の測定

1. スリットを単スリットにし，スリットとスクリーンとの距離を二重スリットのときの半分程度 (1 m 程度) にする．

2. 二重スリットのときと同様に暗い部分の中央に印をつける．測定する暗線の数は，左右それぞれ 4 個とする．

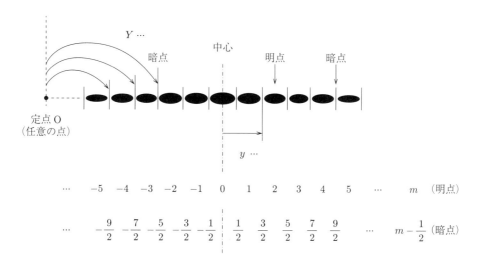

図 5 二重スリットによる干渉の様子

3. スリットとスクリーンとの間の距離 L をメジャーで測定する.

4. 測定結果

　干渉縞は図5のようになっているはずである．二重スリットでは，次数 m ($m = 0, +1, +2, \cdots$) は明線に対するものであり，暗線は $m + \dfrac{1}{2}$ のところとなる．単スリットでは，暗線が整数となっている．

　3種類の二重スリットおよび単スリットについて，図のように中心軸上に定点Oを任意に定める．そして，それぞれの暗線までの距離 Y を測定し，二重スリットの測定結果は表1，単スリットの測定結果は表2のようにまとめる．このとき，一度定規を置いたら，定規を動かすことなく次々と暗線までの距離を読み取っていく．

　表にまとめた測定結果は，二重スリットでは，横軸を次数 $m + \dfrac{1}{2}$，縦軸を Y としてグラフにする．単スリットでは，横軸を m として，グラフを描く．そして，図6のようにプロットした測定点に合うように直線を引く．

58   実験課題 7 レーザー光の回折と干渉の実験

表 1 二重スリットの測定結果
($D = 0.100\,\mathrm{mm}$ の場合)

$m + 1/2$	$Y\,[\mathrm{mm}]$
$-9/2$	77.8
$-7/2$	91.9
$-5/2$	106.2
$-3/2$	119.8
$-1/2$	134.3
$1/2$	148.9
$3/2$	162.1
$5/2$	176.9
$7/2$	190.5
$9/2$	204.0

表 2 単スリットの測定結果

m	$Y\,[\mathrm{mm}]$
-4	11.0
-3	44.1
-2	71.5
-1	109.9
1	176.1
2	209.1
3	243.5
4	274.3

5. 解 析

A. 二重スリットによる光の干渉の実験

図 6 のグラフの直線上の 2 点の座標を読み取り，直線の傾き a を求める．この傾き a と二重スリットの間隔 D，スリットとスクリーンとの間の距離 L を式 (5) に代入して，レーザー光の波長 λ を計算する．$D = 0.200\,\mathrm{mm}$，$0.400\,\mathrm{mm}$ のときも同様にして波長を計算する．

レーザー光の波長の測定 (計算例)

二重スリットの間 $D = 0.100\,\mathrm{mm}$ のとき

スリットとスクリーンの間の距離 $L = 223.62\,\mathrm{cm}$

グラフの傾き $a = 14.07\,\mathrm{mm}$

これらの数値を式 (5) に代入すると

$$\lambda = \frac{Da}{L} = \frac{0.100\,\mathrm{mm} \times 14.07\,\mathrm{mm}}{223.62\,\mathrm{cm}} = \frac{0.100 \times 10^{-3}\,\mathrm{m} \times 14.07 \times 10^{-3}\,\mathrm{m}}{223.62 \times 10^{-2}\,\mathrm{m}}$$

$$= 6.29 \times 10^{-7}\,\mathrm{m} = 629\,\mathrm{nm}$$

B. 単スリットによる光の干渉の実験

グラフの直線上の 2 点の座標を読み取り，直線の傾き a を求める．この傾き a とレーザー光の波長 λ，スリットとスクリーンとの間の距離 L を使って，式 (8) から単スリットの幅 d を計算する．

単スリットの幅の測定 (計算例)

レーザー光の波長 $\lambda = 632.8\,\mathrm{nm}$

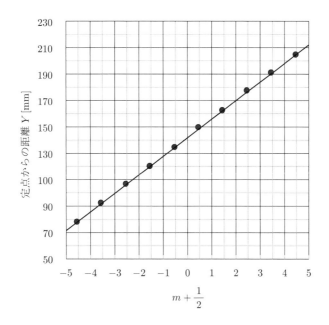

図 6 二重スリットでの次数と定点からの距離の関係 ($D = 0.100\,\mathrm{mm}$ の場合)

スリットとスクリーンの間の距離　$L = 100.13\,\mathrm{cm}$

グラフの傾き　$a = 33.21\,\mathrm{mm}$

式 (8) からスリット幅を計算すると

$$d = \frac{L\lambda}{a} = \frac{100.13 \times 10^{-2}\,\mathrm{m} \times 632.8 \times 10^{-9}\,\mathrm{m}}{33.21 \times 10^{-3}\,\mathrm{m}}$$

$$= 1.91 \times 10^{-5}\,\mathrm{m} = 0.0191\,\mathrm{mm}$$

6. 考察

1. 得られた測定結果を既知の値と比較し，誤差の原因を検討する．
2. 二重スリットの実験で，どの測定値の誤差が波長 λ の誤差に大きく寄与しているかを検討する．D は与えられているので，測定値は a と L である．

7. 考察補助課題

1. 直線の傾きを別の方法 (例えば，最小二乗法) で求めて波長やスリットの幅を出してみよ．
2. 得られた測定値について，それらの有効数字は何桁であるか考察せよ．

8. 研究課題

1. レーザーとは何か．通常の光と何がどのように違うか調べよ．

2. 波長の違うレーザーを用いると，回折線の間隔はどうなるか．

3. 単スリットの代わりに，円形の小さな穴にレーザー光を入射させると，どのような回折像が観測されると思われるか．

4. レーザー光は様々な場面で利用されている．具体的な利用例を調べてみよ．また，その際に，なぜレーザー光が使われているのか考えよ．

5. 光の波動説と粒子説について調べよ．また，その歴史を振り返ってみよ．

MEMO

実験課題 8　力積と運動量変化の研究

1.　目　的

　コンピュータに接続されたセンサを用いて，物体 (力学台車) の位置の時間変化を計測し，またこれとあわせて，物体に働く力を計測するセンサのデータも収集し，物体の運動量の変化と力積の関係を調べる．

2.　理　論

　物体に力が加わると，物体の運動の様子が変化する．その変化は，加える力と，力を加える時間に比例する．短い時間 $\Delta t\,[\mathrm{s}]$ の間に，力 $F\,[\mathrm{N}]$ を作用させ，物体の速度が $v\,[\mathrm{m/s}]$ から $v'\,[\mathrm{m/s}]$ に変化する様子を，

$$F\Delta t = m(v' - v) \tag{1}$$

と表すことができる．物体の質量 $m\,[\mathrm{kg}]$ が式 (1) の比例係数となる．式 (1) の両辺を Δt で割って，加速度 $a\,[\mathrm{m/s^2}]]$ の定義，

$$a = \frac{d}{dt}v(t) \approx \frac{v' - v}{\Delta t} \tag{2}$$

を用いれば，運動方程式 $F = ma$ を得る．

　式 (1) の右辺を展開すると，$mv' - mv$ となる．次式のように運動量 $p\,[\mathrm{kg\,m/s}]$ を

$$p = mv \tag{3}$$

と定義すると，式 (1) は，

$$F\Delta t = p' - p \tag{1'}$$

となり，運動量の変化として表すことができる．運動量の変化を与える左辺の量は，$I = F\Delta t$ として力積 $I\,[\mathrm{N\,s}]$ と呼ばれる．時間とともに力が変化する場合は，時間変化する力を $F(t)$ として，時刻 t_i から t_f までに働く力積 I は以下のように $F(t)$ の時間積分で書ける．

$$I = \int_{t_i}^{t_f} F(t)\,dt \tag{4}$$

したがって，式 (1') は

$$I = p' - p \tag{1''}$$

と書け，力積と運動量変化は等しい．

今回の実験では，力学台車に接続されたセンサを用いて，運動する際の台車に働く力・台車の位置を時間の関数として測定し，力積・運動量を算出することによって式 (1") の関係を確かめる．

3. 装置と方法

3.1 装置
力学台車，超音波位置センサ，ワイヤレス加速度・力センサ，台車用おもり，力学台車走路，衝突用バンパ，衝突用標的 (銅製重量物)，分銅，上皿はかり，プラスチック製定規，データ収集用ノートPC，データ収集用ソフトウェア，共用プリンタ

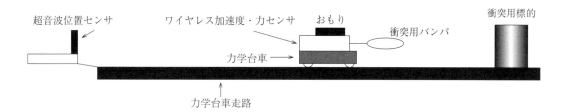

図 1　実験装置　外観

3.2 方法
1. 分銅を用いた**力センサの較正**，および力学台車走路上の"ものさし"を用いた**超音波位置センサの較正**を行う．同時に，データ収集用ソフトウェアの使用法を学ぶ．
2. データ収集用ソフトウェアの画面を順番に見ながら台車の操作手順を学び，練習しておく．その際，画面に表示される図 (x-t 図, v-t 図, F-t 図) がどのようになるのかを予想しながら行うこと．

    台車の操作手順
    A) 力学台車を超音波位置センサから 20 cm 以上離して走路に置く．データ収集用ソフトウェアのツールバー上の「Zero」をクリックして，各種センサ値のゼロ設定を行う．
    B) ツールバー上の「Collect」をクリックしデータ収集をスタートさせる．0.5 秒ほど待ってから，力センサに付いている衝突用バンパにプラスチック製定規を引っ掛け台車を衝突用標的 (銅製重量物) に向かって動かす．定規を素早く外し台車を標的に衝突させる．
    <u>台車が標的に当たり跳ね返るまでを 4 秒以内で終えるように練習すること</u>
3. 力学台車の質量を上皿はかりで測定する．0.01 kg の桁まで測ること．
4. データ収集用ソフトウェアの画面を「解析」にする．方法 2. の「台車の操作手順」で練習した通りのことを行い，データを収集する．
5. 表示された画面上でマウスを操作し**速度・力積を読み取る範囲を設定する**．
6. 画面を一人<u>**2 枚ずつ**</u>印刷し，1 枚を実験ノートに貼り付ける．もう 1 枚はレポート用に保管し

ておく．いずれのプリントにも使用した**台車の質量を記録**する．
7. 方法 3. から 6. までを，台車用おもりを加減することによって質量を変えて **4 回行う**．

4. 測定結果

台車ごとに速度・力積などを読み取れるようにして印刷した図 2 のようなプリントを用意する．

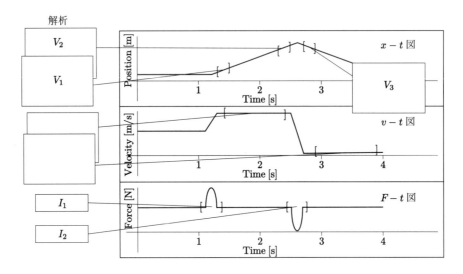

図 2 台車の質量○○ g の時の x-t 図 v-t 図 F-t 図

図 2 から加速時の初速度 (v_0)，力センサを放した直後の速度 (v_1)，力積 (I_1)，反跳時の標的に当たる直前の速度 (v_2)，跳ね返った直後の速度 (v_3)，力積 (I_2) を読み取り，表 1 にまとめる．

この作業を測定した全ての台車の質量について行う．

表 1 加速時および反跳時の台車の速度と力積

台車の質量 m [kg]	v_0 [m/s]	v_1 [m/s]	力積 I_1 [N s]	v_2 [m/s]	v_3 [m/s]	力積 I_2 [N s]
0.73	0.00	0.37	0.28	0.35	−0.11	−0.35
1.07	0.00	0.49	0.53	0.48	−0.07	−0.58
1.23	0.00	0.34	0.42	0.32	−0.07	−0.49
1.92	0.00	0.39	0.75	0.38	−0.06	−0.80

5. 解 析

表1の台車の質量 m と速度 v を用いて，加速時と反跳時それぞれの運動量変化を以下のように計算する．

その結果を，力積の値とともに表2にまとめる．

運動量変化の計算例 (台車の質量 0.73 kg のとき)

加速時　$m \times (v_1 - v_0) = 0.73\,\mathrm{kg} \times (0.37 - 0.00)\,\mathrm{m/s} = 0.27\,\mathrm{kg \cdot m/s}$

反跳時　$m \times (v_3 - v_2) = 0.73\,\mathrm{kg} \times (-0.11 - 0.35)\,\mathrm{m/s} = -0.34\,\mathrm{kg \cdot m/s}$

以下同様に，測定した全ての台車の質量について計算する．

表2　加速時および反跳時の力積と運動量変化

台車の質量 m [kg]	力積 I_1 [N s]	加速時の運動量変化 [kg m/s]	力積 I_2 [N s]	反跳時の運動量変化 [kg m/s]
0.73	0.28	0.27	−0.35	−0.34
1.07	0.53	0.52	−0.58	−0.59
1.23	0.42	0.42	−0.49	−0.48
1.92	0.76	0.75	−0.80	−0.84

表2の値を使って，図3のように横軸を「力積」，縦軸を「運動量変化」としたグラフを方眼紙に作成する．グラフ上に引いた直線の傾きを出し，そこから力積と運動量変化の関係を読み取る．

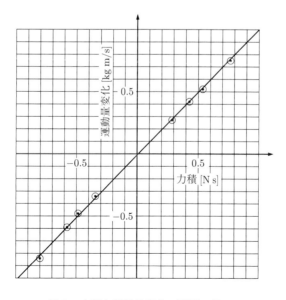

図3　力積と運動量変化の関係のグラフ

6. 考　察

1. 力積と運動量変化の関係のグラフ上の直線の傾きから何がいえるのかを考えよ.
2. 得られた測定結果を既知の値と比較し，誤差の原因を検討する.

7. 考察補助課題

1. 「方法」の 1. で行った各種センサの較正の結果を使って測定誤差を議論せよ.
2. 直線の傾きを最小二乗法で求めてみよ.
3. 力学台車の車輪と走路との間に摩擦力が働いているとしたら，測定結果にどのような影響を与えるのか考察せよ.

8. 研究課題

1. 実生活で力積と運動量変化の関係はどのようなところに現れるか，調べよ.

発展研究：力学台車の衝突実験による運動量保存則の検証

1. 目 的

コンピュータに接続されたセンサを用いて，ふたつの物体 (力学台車) の速度の時間変化を同時に計測し，衝突の前後で運動量の和が保存するか否か確かめる．またこれとあわせて 2 体間に働く力を計測するセンサのデータも収集し，そこから力積を求め，それぞれの物体の運動量の変化と力積の関係を調べる．

2. 理 論 (2 体の衝突)

質量がそれぞれ m_A と m_B の物体 A と物体 B の衝突の際の，互いに働く力と，それぞれの運動量の変化について考える．衝突前の物体 A の運動量を p_A，物体 B の運動量を p_B，衝突後のそれぞれの運動量を p'_A, p'_B とする．衝突前後の A，B の速度をそれぞれ，v_A, v_B, v'_A, v'_B とすると，式 (3) から，

$$p_A = m_A v_A \qquad p_B = m_B v_B$$
$$p'_A = m_A v'_A \qquad p'_B = m_B v'_B$$

(3')

である．時刻 t に物体 A が物体 B から受ける力を $F_{AB}(t)$，逆に，物体 B が物体 A から受ける力を $F_{BA}(t)$ とする．衝突開始の時刻 t_i から衝突終了の時刻 t_f までの物体 A，B についてそれぞれ，

$$\int_{t_i}^{t_f} F_{AB}(t)\,dt = p'_A - p_A \tag{5A}$$

$$\int_{t_i}^{t_f} F_{BA}(t)\,dt = p'_B - p_B \tag{5B}$$

と書くことができる．ここで，物体 A，B の互いに働く力について，作用・反作用の法則から，

$$F_{AB}(t) = -F_{BA}(t) \tag{6}$$

といえるので，

$$p'_A - p_A = -(p'_B - p_B) \tag{7}$$

を得る．衝突前後に分けるように両辺を整理して移項すると，

$$p'_A + p'_B = p_A + p_B \tag{8}$$

つまり，衝突後の運動量の和は，衝突前の運動量の和と等しい．これを**運動量保存則**という．互いに及ぼしあう力 (内力) だけが働き，式 (6) が満たされる場合に成り立つ．

68　発展研究：力学台車の衝突実験による運動量保存則の検証

3.　装置と方法

3.1　装　置

　力学台車 A，力学台車 B，超音波位置センサ，ワイヤレス加速度・力センサ，力学台車走路，バンパ｛弾性衝突用ばね・針金・ベルクロテープ｝，おもり，上皿はかり，データ収集用ノート PC，共用プリンタ

3.2　方　法

実験0.　力学台車を1台だけ走路に置き，いろいろな速度で走行させ，速度データの取得の練習をしておく．

実験1.

(ア)　力学台車それぞれの質量を測る．質量が同じになるようにおもりを調整する．

(イ)　一方の台車のバンパがもう一方の台車に向くように，力学台車2台を走路に置く．

(ウ)　まず練習を行い，運動の様子を観察しておく．

　　　i.　1台(A)を走路中央に停止させておき，もう1台(B)を走路の端から走行させ衝突させる．

　　　ii.　衝突後の A の速さは，衝突前の B の速さと比較して，どのように見えるか？

　　　　　｛a:およそ同じ，b:速くなっている，c:遅くなっている｝

　　　　　班員と互いの意見を交換してから次に進む．

(エ)　データ収集を起動させて，練習と同じように衝突させる．

(オ)　衝突前の A の速度と B の速度，衝突後の A の速度と B の速度をグラフから読み取り，衝突前の A の運動量と B の運動量，衝突後の A の運動量と B の運動量を計算する．衝突前の運動量の和と衝突後の運動量の和を比較する．

実験2.

(ア)　力学台車それぞれの質量を測る．およそ同じになるようにおもりを調整する．

(イ)　ベルクロテープが向かい合うようにして，力学台車2台を走路に置く．

(ウ)　まず練習を行い，運動の様子を観察しておく．

　　　i.　1台(A)を走路中央に停止させておき，もう1台(B)を走路の端から走行させ衝突させる．

　　　　このとき，ベルクロテープが働き，衝突後2台は1体となって走行する．

　　　ii.　衝突後の AB の速さは，衝突前の B の速さと比較して，どのように見えるか？

　　　　　｛a:およそ同じ，b:およそ半分，c:半分よりもかなり遅い，d:その他｝

　　　　　班員と互いの意見を交換してから次に進む．

(エ)　データ収集を起動させて，練習と同じように衝突させる．

(オ)　衝突前の A の速度と B の速度，衝突後の AB の速度をグラフから読み取り，衝突前の A の運動量と B の運動量，衝突後の AB の運動量を計算する．衝突前の運動量の和と衝突後の運動量の和を比較する．

実験 3.

(ア) 力学台車それぞれの質量を測る．異なるようにおもりを調整する．

(イ) 台車 B の力センサのプローブが台車 A に当たるように，力学台車 2 台を走路に置く．

(ウ) 1 台 (A) を走路中央に停止させておき，データ収集を起動させて，もう 1 台 (B) を走路の端から走行させ衝突させる．　衝突前の A の速度と B の速度，衝突後の A の速度と B の速度をグラフから読み取り，

衝突前の A の運動量と B の運動量，衝突後の A の運動量と B の運動量を計算する．

衝突前の運動量の和と衝突後の運動量の和を比較する．

(エ) 衝突前後の A の運動量の変化，B の運動量の変化を計算する．

(オ) 力センサのデータから，力積の積分を計算し，(オ) の結果と比較する．

時間の許す限り，実験 1. ～3. の (ア) の条件を変えて，(イ) 以降の測定を行う．

実験課題 9 　金属熱量計による氷の融解潜熱の測定

1. 目 的

銅容器を金属熱量計として使用し，氷の融解潜熱 (融解熱) を測定する.

2. 理 論

物質の状態は，温度や圧力などの外界の変化に応じて変化する．その状態の変化を相変化と呼ぶ．固体，液体，気体などを相という．固体が融解したり，液体が蒸発したりするなどの過程で，潜熱の吸収や放出を伴う場合を一次相転移という.

「水 (H_2O)」という物質の固体の相を「氷」，液体の相を「水」，気体の相を「蒸気・水蒸気」と呼ぶ.

氷は水分子の結晶であり，一定圧力のもとで，加熱すれば結晶を構成している水分子の熱運動が盛んになる．さらに加熱を続けると，やがて分子間の結合エネルギーより大きな運動エネルギーを分子は得るようになり，氷は融解をはじめる．この時の温度を融点といい，単位質量の固体が融点において，同温度の液体に相転移するのに必要な熱量をその物質の融解潜熱という．つまり潜熱は分子間引力に打ち勝って分子を引き離すのに要する仕事の量である．この様に潜熱は分子間引力の存在を示すものである.

この実験では金属熱量計を使用して氷の融解潜熱の測定を行う.

外部との熱の出入りを遮断した金属熱量計に温度 $t_0 = 0$ ℃ の氷を投入する．この氷が全て融解した時の金属熱量計 (銅容器) の温度変化を測定することによって氷の融解潜熱を求める．氷を銅容器に投入したときに銅容器が失う熱量は，氷がすべて融解し，さらに，その結果できた水が銅容器の温度まで上昇するために必要な熱量に等しい．すなわち，

$$cM(t_2 - t_1) = Lm + c_w m(t_1 - t_0) \tag{1}$$

となる.

ここで，　L：氷の融解潜熱

m：氷の質量

c：銅の定圧比熱容量

c_w：水の定圧比熱容量

M：金属熱量計 (銅容器) の質量

t_2：氷を投入する直前の銅容器の温度

t_1：銅容器の最低温度

式 (1) の右辺は融解に伴って氷と水が吸収した熱量，左辺は銅容器が放出した熱量である．式 (1) より氷の融解潜熱 L を求めることができる．

3. 装置と方法

3.1 装置

真空断熱容器，金属熱量計 (銅容器)，温度計，氷入れの容器，ピンセット，0 ℃ の氷，上皿はかり (銅容器の計量用)，電子天びん (氷とスチール容器の計量用)，ストップウオッチ，紙タオル，スチロール容器，シリコングリス，自在曲線定規

真空断熱容器の使用目的は周囲の急激な温度変化や，風の影響から金属製熱量計 (銅容器) を遮断することである．この場合，銅容器から断熱容器に放射される熱量と，断熱容器から銅容器へ放射される熱量は，実験中等しいとみなし，放射による銅容器の温度変化は無視する．この条件を満たすためには断熱容器及び銅容器の外面はきれいな金属光沢を持っていること，及び断熱容器と銅容器は充分に乾燥し，水分が付着していないことが必要である．

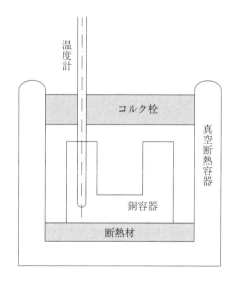

図 1　氷の融解潜熱測定装置の断面図

3.2 方法

> **実験上の注意**
> 1 回目の測定が終わった時点で，教員に報告すること．
> 教員の許可を得てから 2 回目の実験を行うこと．

72　実験課題 9　金属熱量計による氷の融解潜熱の測定

氷は 0 ℃ に調整されており融解しやすいため，取り扱いに注意すること.

1. 上皿はかりを用いて銅容器の質量 M を測る.
2. 電子天びんを用いてスチロール容器の質量を測る.
3. 銅容器を断熱容器内の中心に置く.
4. 温度計と熱量計の熱接触を良くするために温度計の球部 (先端) にシリコングリスを塗る.
5. 温度計を銅容器の小穴に挿入する.
6. 真空第熱容器にコルク栓の蓋をする. また，温度計とコルク栓の隙間をスポンジで密閉する.
7. 熱量計 (銅容器) の温度を温度計の目盛の 10 分の 1 の精度で，30 秒毎に測定し記録する.
8. 温度変化がなくなるまで測定し記録し続ける.
9. 3 分以上温度変化がない事を確認する.
10. スチロール容器に氷を入れ，氷の質量 m を電子天びんを用いて量る.
11. 蓋を外し，準備した氷を熱量計の中に投入する.
12. 再び蓋をし，直ちに温度計を読み取る.
13. 以後，30 秒毎に温度を読み取って記録していく.
14. 温度が最も低下してから，それ以後は 1 分間隔で 10 分間温度を測定し記録する.
15. 銅容器を取り出し，融解した水をスチロール容器に移して水の質量を電子天びんを用いて量る.
16. 氷の質量を変えて，2 回目の測定を行う.

4. 測定結果

質量の測定値まとめ (1 回目)

銅容器の質量 (M)	4.521 kg
スチロール容器の質量	6.2 g
スチロール容器に氷を入れた時の質量	34.6 g
スチロール容器に水を入れた時の質量	34.3 g
氷の質量 (m)	28.4 g
融解した水の質量	28.3 g

熱量計 (銅容器) の温度の時間変化を表 1 のようにまとめる.

表 1　熱量計の温度の時間変化 (1 回目)

備考	経過時間 [分]	熱量計の温度 [℃]
氷を入れる前	0.0	21.42
	0.5	21.42
	1.0	21.42
	1.5	21.42
	2.0	21.42
	2.5	21.42
	3.0	21.42
氷を投入	3.5	20.04
	4.0	⋯
	⋯	
	15.0	16.72
最低温度	15.5	16.72
	16.0	⋯
	17.0	
	18.0	
	19.0	
	20.0	
	21.0	
	22.0	
	23.0	
	24.0	16.84
	25.0	16.84
	26.0	16.84

5.　解　析

　表 1 をもとに，熱量計の温度変化を表すグラフを作成し，図 2 のような傾向が記録されていることを確認する．

　図 2 のように時間と温度の関係を表すグラフはつぎの 3 つの区間に分けることができる．

A 区間：最初の 3 分は熱量計が断熱容器と熱平衡にあるので時間軸と平行になっている．これにより，温度変化が無いことを確認する．

B 区間：氷を投入し，氷と水が共存している区間で，急激に温度が降下する．曲線上の極小点に近付

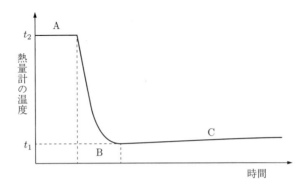

図 2　熱量計の温度の時間変化

くにつれて，温度変化は緩慢になる．
C 区間：そのまま極小点を経て，徐々に温度は上昇し，緩やかな正の勾配になる．条件によっては，この区間での温度上昇が検出できないこともある．

表 1 および図 2 より，氷を投入する直前の熱量計の温度 t_2 と熱量計の最低温度 t_1 を読み取る．
氷の融解潜熱 L は式 (1) より導出した，次の式 (2) で計算する．

$$L = \frac{cM(t_2 - t_1)}{m} - c_w(t_1 - 0\ ℃) \tag{2}$$

銅の定圧比熱容量 c と水の定圧比熱容量 c_w は「物理定数表」から調べた値を使う．

6. 考　察

1. 得られた測定結果を既知の値と比較し，誤差の原因を検討する．
2. 断熱が完全でなく，外部との熱の出入りがあると，結果にどのような影響があるか考察する．

7. 考察補助課題

1. 図 2 に書かれている，A, B, C 各区間の説明を参考に，各自の測定した熱量計の温度の時間変化のグラフについて考察せよ．
2. 投入する前に氷の一部が融け始めていたら測定結果にどのような影響を与えるか，あるいは，氷の温度が 0 ℃ 以下だったらとしたらどうか．また，これらの影響を防ぐにはどのように測定を工夫すればよいか考えよ．

8. 研究課題

1. 100 °C の湯 150 cc を 10 °C まで下げるためには，いかほどのエネルギーを奪う必要があるか，概算せよ.

   また，このエネルギーを氷の融解潜熱で賄うとすれば，相当する氷の量はいくらか.

2. エネルギーの単位は SI 単位系では J (ジュール) を用いることになっている．また，熱学から来た cal (カロリー) という単位もある．それぞれ何が違うのだろうか.

   J (ジュール)，cal (カロリー) の定義を調べてみよ．また，お互いの関係についても調べよ.

3. 潜熱には融解潜熱 (融解熱) 以外にも凝固熱，蒸発熱 (気化熱)，凝縮熱がある．それぞれ何を意味しているのか調べよ.

   また，気化熱は日常生活にも良くあらわれるが，どのような場面であらわれるのか調べてみよ.

実験課題 10　ニュートンリング法によるレンズ面の曲率半径の測定

1. 目 的

ナトリウム (Na) ランプからの単色光を用いてニュートンリングを作り，レンズの曲率半径を測定する．

2. 理 論

図1のように平行平面ガラス板上に曲率半径 R の平凸レンズを置き，上方から単色平行光線を照射する．そして上から見ると，図2のように接触点 O を中心とする同心の明暗の円環が観察できる．これをニュートンリングと呼ぶ．これはレンズとガラス板の間の隙間によって生ずる光の干渉によるものである．

単色光を，曲率半径が大きい平凸レンズに垂直に入射させたとき，空気層 AB，または A′B′ はきわめて薄いので，入射光と，空気層の上面 (A, A′) と下面 (B, B′) からの反射光は平行とみなしてよい．また，空気層の上面 A, A′ では，屈折率が1より大きいガラスから屈折率がほぼ1の空気へ光が入射して反射するので，自由端反射となり位相は変化しない．一方空気層の下面 (B, B′) では，屈折

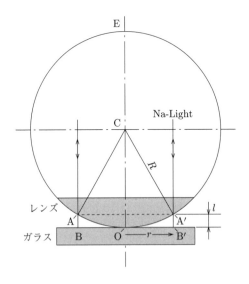

図1　レンズ面の曲率半径の測定

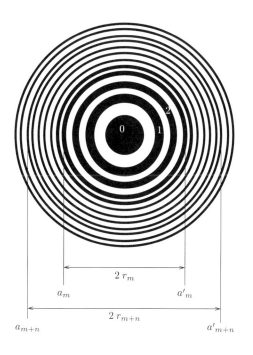

図 2　Newton ring(明暗の環)

率が小さい空気から大きいガラスに光が入射して反射するので，固定端反射となり，反射光の位相が π rad だけ変わる．

以上の条件から，空気層の上面 A, A′ で反射した光と，下面 B, B′ で反射した光が干渉して強め合い，明るい円環となる条件を考える．空気層の厚さ AB (または A′B′) を l とすると，空気層の上面で反射した光と下面で反射した光の経路差は $2l$ である．下面での反射で位相が反転することを考慮すると，明環となる条件は，

$$2l = m\lambda + \frac{\lambda}{2} = \left(m + \frac{1}{2}\right)\lambda \tag{1}$$

となる．ここで，m は正の整数 $(m = 0, 1, 2, \cdots)$ である．同様に考えると，暗環となる条件は，

$$2l = m\lambda \tag{2}$$

となる．

いま，m 番目の暗環の半径を r_m とし，レンズの曲率半径がじゅうぶん大きいとすると，図 1 から

$$r_m{}^2 = R^2 - (R-l)^2 = 2Rl - l^2 \cong 2Rl \tag{3}$$

となる．したがって，式 (2) の暗環となる条件は

$$\frac{r_m{}^2}{R} = m\lambda \quad (m = 0, 1, 2, \cdots) \tag{4}$$

と書くことができる．

式 (4) から，m 番目の円環の半径は，

$$r_m{}^2 = m\lambda R \tag{5}$$

であり，$(m+n)$ 番目の円環の半径は

$$r_{m+n}{}^2 = (m+n)\lambda R = r_m{}^2 + n\lambda R \tag{6}$$

となる．これより，レンズの曲率半径を

$$R = \frac{r_{m+n}{}^2 - r_m{}^2}{n\lambda} \tag{7}$$

で求めることができる．

いま，ニュートンリングの中心軸上で m 番目の暗環の両端の位置をそれぞれ $a_m, a_m{}'$ とすれば，暗環の直径 d_m は

$$d_m = 2r_m = a_m{}' - a_m$$

同様に，$(m+n)$ 番目の暗環の両端の読みを $a_{m+n}, a_{m+n}{}'$，直径を d_{m+n} とすれば，

$$d_{m+n} = 2r_{m+n} = a_{m+n}{}' - a_{m+n}$$

となる．これらを式 (7) に代入すると，

$$R = \frac{(a_{m+n}{}' - a_{m+n})^2 - (a_m{}' - a_m)^2}{4n\lambda} = \frac{d_{m+n}{}^2 - d_m{}^2}{4n\lambda} \tag{8}$$

によりレンズの曲率半径を求めることができる．すなわち，ニュートンリングのある暗環の直径 $d_m (= a_m{}' - a_m)$ を測定し，つぎに，そこから n 番目の暗環の直径 $d_{m+n} (= a_{m+n}{}' - a_{m+n})$ を測定したとき，単色光の波長 λ が与えられれば，レンズ面の曲率半径 R が求められる．

以上は，暗環を用いて曲率半径 R を求める場合であるが，明環についても同様のことが成り立つ．

式 (8) を変形すると

$$\frac{d_{m+n}{}^2 - d_m{}^2}{4\lambda} = Rn \quad (n = 0, 1, 2, 3, \cdots) \tag{9}$$

となる．ここで，m を一定とし，n を変数とすれば，n と $\dfrac{d_{m+n}{}^2 - d_m{}^2}{4\lambda}$ が比例し，曲率半径 R がその比例定数となっていることがわかる．したがって，横軸を n，縦軸を $\dfrac{d_{m+n}{}^2 - d_m{}^2}{4\lambda}$ としてグラフを描けば，その直線の傾きから曲率半径 R を求めることができる．

3. 装置と方法

3.1 装 置

試料の平凸レンズ，平行平面ガラス (これら 2 つは 1 組の装置になっている)，ニュートンリング装置 (透明ガラスと鏡を取り付けた黒い箱)，ナトリウムランプ，遊動顕微鏡 (あらかじめ対物レンズの一部を取り外して望遠鏡にしてある)，ルーペ

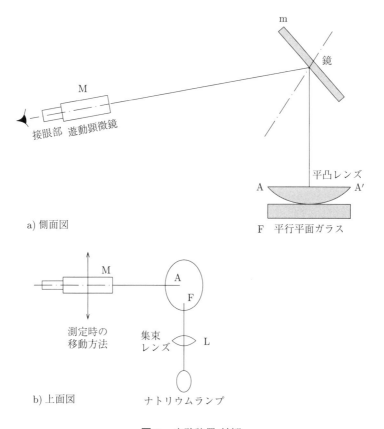

図 3　実験装置 外観

3.2　方　法

1. ニュートンリング装置と望遠鏡は大きく離さないように配置する (図 3 に示すように配置する).
2. ナトリウム (Na) ランプを点灯し，発光すれば収束レンズ L の焦点位置にこのランプを置き，平凸レンズにうまく光が当たるように高さ，左右の位置を調節する．
   平凸レンズと平行平面ガラスは三本のネジで止めてあるが，レンズ面が変形するので強くしめすぎない.
3. 鏡 m で反射したニュートンリングの像が 望遠鏡の位置から，肉眼で直接見えるようにする．
4. 肉眼で見た視線の位置へ望遠鏡の視軸を合わせる (望遠鏡の横からニュートンリングが見えるようにする).
5. 接眼レンズの接眼する部分 (黒い部分) は回転できるようになっているので，回転させて望遠鏡内の十字線がはっきり見えるようにする．
   人によって視差が異なるため，この調整は個々にやり直す必要がある．
6. 接眼レンズを前後に調節して，ニュートンリングに焦点をあわせる．
   視差をなくすため，目を左右に動かしてもニュートンリングと，十字線が相対運動をしないようにする．
7. 暗環の直径を測定するが，最初に 12 番目の環の左側の位置を読み，11 番，10 番 ⋯ と順々に

80   実験課題 10　ニュートンリング法によるレンズ面の曲率半径の測定

小さい方へ移動して 3 番目の環まで読み取る．さらに環の右側へ移って 3 番目の環から順々に 12 番目まで読み取る．目盛は 1/100 mm まで読む．

リングには幅があるのでリングの最も暗い部分に十字線を合わせる.

4.　測定結果

暗環の左側の端を a'，右側の端を a として測定値を表 1 のようにまとめる．ここで，n は 3 番目の環から数えた番号である．

暗環の直径は $d = a' - a$ より求める．

表 1　$m = 3$ とした場合の各暗環のデータ表

$3+n$ 環の番号	n	a'_{3+n} [cm]	a_{3+n} [cm]	$d_{3+n} = a'_{3+n} - a_{3+n}$ [cm]	
12	9	15.789	13.402	d_{12}	2.387
11	8	15.735	13.448	d_{11}	2.287
10	7	15.679	13.500	d_{10}	2.179
9	6	15.619	13.565	d_9	2.054
8	5	15.563	13.631	d_8	1.932
7	4	15.499	13.709	d_7	1.790
6	3	15.424	13.792	d_6	1.632
5	2	15.339	13.859	d_5	1.480
4	1	15.244	13.951	d_4	1.293
3	0	15.133	14.059	d_3	1.074

5.　解　析

ナトリウムランプからの光の波長は $\lambda = 5.893 \times 10^{-5}$ cm である．この値を用いて $\dfrac{d_{3+n}{}^2 - d_3{}^2}{4\lambda}$ を $n = 1$ から 9 まで計算し，表 2 を完成させる．

表 2 の値を用いて，横軸を n，縦軸を $\dfrac{d_{3+n}{}^2 - d_3{}^2}{4\lambda}$ としたグラフを描く．そして，図 4 のようにプロットした点に合うように直線を引く．

直線上の 2 点の座標をグラフから読み取り，直線の傾きを求める．式 (9) に示したように，求めた傾きが曲率半径 R となる．

表2 n に対する $\dfrac{d_{3+n}{}^2 - d_3{}^2}{4\lambda}$ の計算値

n	$\dfrac{d_{3+n}{}^2 - d_3{}^2}{4\lambda}$ [cm]
9	19.278×10^3
8	17.295×10^3
7	15.249×10^3
6	13.005×10^3
5	10.941×10^3
4	8.699×10^3
3	6.406×10^3
2	4.399×10^3
1	2.199×10^3

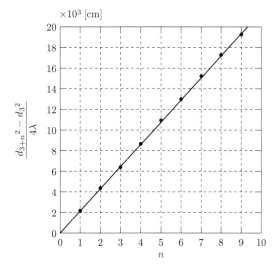

図4 次数 n と $\dfrac{d_{3+n}{}^2 - d_3{}^2}{4\lambda}$ の関係

曲率半径 R の測定 (計算例)

図4の直線上の2点の座標を読み取ると，

$$(1.50, 3.32 \times 10^3),\ (8.50, 18.39 \times 10^3)$$

である．これより直線の傾き (曲率半径) を求めると，

$$R = \frac{(18.39 - 3.32) \times 10^3}{8.50 - 1.50} = 2.15 \times 10^3 \text{ cm}$$

82　実験課題 10　ニュートンリング法によるレンズ面の曲率半径の測定

6.　考　察

1.　直線の傾きを以下に示すように最小二乗法で求め，得られた曲率半径 R を比較せよ.

横軸を n_i，縦軸を $y_i = \dfrac{d_{3+n}^2 - d_3^2}{4\lambda}$ としたグラフの直線の傾き a は，最小二乗法を適用すると以下の式で求めることができる.

$$a = \frac{n \sum n_i y_i - \sum n_i \sum y_i}{n \sum n_i{}^2 - (\sum n_i)^2}$$

ここで，n はデータの個数であり，いまの場合は $n = 9$ である. 表 3 のように結果を整理すると，傾きの計算を容易に行うことができる.

表3　最小二乗法による計算 (データの個数は $n = 9$)

i	n_i	$y_i \,[\mathrm{cm}]$	$n_i y_i$	$n_i{}^2$
1	1	2.199×10^3	2.199×10^3	1
2	2	4.399×10^3	8.794×10^3	4
3	3	6.406×10^3	19.218×10^3	9
4	4	8.699×10^3	34.796×10^3	16
5	5	10.941×10^3	54.705×10^3	25
6	6	13.005×10^3	78.030×10^3	36
7	7	15.249×10^3	106.743×10^3	49
8	8	17.295×10^3	138.360×10^3	64
9	9	19.278×10^3	173.502×10^3	81
合計	$\sum n_i = 45$	$\sum y_i = 97.471 \times 10^3$	$\sum n_i y_i = 616.35 \times 10^3$	$\sum n_i{}^2 = 285$

傾きの計算例

$$a = \frac{n \sum n_i y_i - \sum n_i \sum y_i}{n \sum n_i{}^2 - (\sum n_i)^2} = \frac{9 \times 616.35 \times 10^3 - 45 \times 97.471 \times 10^3}{9 \times 285 - 45^2} = 2.1499 \times 10^3 \,\mathrm{cm}$$

7.　考察補助課題

1.　今回の実験で暗環の番号を数え間違えて測定した場合，どのようになるか考えよ.

8.　研究課題

1.　この実験は，よく平面および球面の検査に使用されるが，その理由はなぜか.

2. ナトリウムランプの代わりに白色光を照射するとどうなるだろうか.

3. 12番目の暗環の位置での厚さ l (図1における AB 間の距離) はいくらか?

実験課題 11　花崗岩の密度測定

1. 目　的

代表的な造岩鉱物である花崗岩 (御影石) は，異なる密度を持ついくつかの鉱物より組成されているため，単体の金属のように決まった密度を持つとは限らない．この実験では，3 つの方法によりその密度を測定する．

2. 理　論

密度は単位体積あたりの質量と定義されるので，物体の質量 m をその物体の体積 V で割れば求めることができる．すなわち，密度 ρ は

$$\rho = \frac{m}{V} \tag{1}$$

である．密度の測定にはいくつかの方法があるが，ここでは以下の 3 通りの方法で測定する．

- A. ノギスで試料片の各辺の長さを測定して体積 V を計算し，密度 ρ を求める．
- B. メスシリンダーにより試料片を水中に沈めたときの水位を測定して体積 V を求め，密度 ρ を求める．
- C. 比重びんにより比重を求め，その値から密度 ρ を求める．

比重びんによる密度の測定は，以下のように行う．図 1 に示すように，空の比重びんの質量を M_0，比重びんに試料となる花崗岩のみを入れたときの質量を M_1，それに水を入れたときの質量を M_2，比重びんに水だけを入れたときの質量を M_3 とする．このとき，花崗岩の比重は次式によって求める

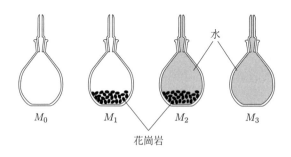

図 1　比重びんによる密度測定の原理

ことができる．

$$S_t = \frac{M_1 - M_0}{(M_3 - M_0) - (M_2 - M_1)} \tag{2}$$

ここで，分子は花崗岩だけを入れたときの質量と，空の比重びんの質量の差なので，入れた花崗岩の質量である．同様にして分母の第 1 項は，比重びんを水だけで満たしたときの水の質量である．第 2 項は花崗岩と水が入ったときの質量と花崗岩だけのときの質量の差なので，花崗岩以外の水の質量となる．したがって，第 1 項と第 2 項の差をとると，花崗岩の体積と同じ体積の水の質量が得られる．よって，式 (2) は同じ体積の水と花崗岩の質量比 (比重) である．

これに水の密度をかければ，花崗岩の密度を求めることができる．ただし，水の密度は温度により変化するので，測定したときの水温に対する密度 ρ_t を求める必要がある．これにより，$\rho = S_t \times \rho_t$ より花崗岩の密度を求めることができる．

3. 装置と方法

3.1 装　置
A. 5/100 mm 精度ノギス，上皿はかり，電子天びん，花崗岩 (角柱)
B. メスシリンダー，上皿はかり，電子天びん，花崗岩角柱および花崗岩片 (大)，(小)
C. 比重びん，粉砕した花崗岩の試料，上皿はかり

3.2 方　法
A. ノギスを用いる方法
1. 花崗岩 (角柱) の質量 m を電子天びんで測定する．読取精度は，0.1 g とする．
2. 5/100 mm 精度ノギスにより図 2 に示した花崗岩 (角柱) の各辺の長さを測定する．各辺について測定場所を変えて，3 回測定して平均値を算出する．測定する辺は図 2 の通りとする．

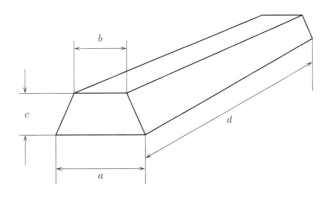

図 2　花崗岩 角柱の体積算出法

B. メスシリンダーを用いる方法

1. 花崗岩 (角柱) の質量 m を電子天びんで測定する．読取精度は $0.1\,\mathrm{g}$ とする．
2. 1リットルのメスシリンダー (最小目盛 $10\,\mathrm{mL}$) に半分以上の純水を入れ，純水の体積 (水量) V_a を読み取る．このとき，測定する花崗岩が完全に水没するように半分以上の純水を入れ，図3 (a) のように V_a を読み取る．最小目盛の10分の1まで目分量で読み取る．
3. 質量を測定した花崗岩 (角柱) をメスシリンダーに入れる．このとき，水が跳ねないようにメスシリンダーを傾けて，静かに試料を入れる．
4. メスシリンダーを直立させ，気泡が静まるのを待ち，図3 (b) のように上昇した水面の位置から花崗岩を入れたときの V_b を読み取る．花崗岩の体積 V は，
$$V = V_b - V_a$$
で求めることができる．
5. 2. から 4. の測定をはじめに入れる水量を変えて3回行い，体積の平均値を求める．
6. 花崗岩片 (大) および (小) についても，1. から 5. の測定を行う．

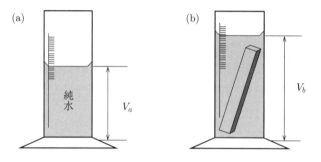

図3 メスシリンダーを用いた体積測定法

C. 比重びんによる方法

1. 電子天びんで栓をした空の比重びんの質量 M_0 を測定する．
2. 比重びんの半分ぐらいまで，粉砕した花崗岩を入れて栓をし，質量 M_1 を測定する．
3. 花崗岩を入れた比重びんの栓を外し，容器の3分の2程度までに純水を入れ，びんを振って花崗岩についた気泡を取り去る．気泡がじゅうぶんに排出できたら，びん内の水温を測定し，びんの口すり切り一杯まで純水を入れてから栓をする．このとき，栓の細孔の先端から水が噴き出るよう，少し勢いよく栓をする．あふれた水を紙タオルできれいに拭き取り，質量 M_2 を測定する．
4. 3. の試料と水をびんから取り出し，改めて比重びんに純水のみを入れ，水温を測定してから栓をする．このときも，細孔から水が噴き出るようにし，あふれた水を拭き取ってから質量 M_3 を測定する．

4. 測定結果

実験方法 A，B，C それぞれについて，測定値を次のようにまとめる．

実験方法 A の測定結果

測定試料　　花崗岩 (角柱)

質量 m　　574.1 g

図 2 の各辺の長さをノギスで 3 回ずつ測定し，各辺について表 1 のように記入する．

表1　花崗岩 (角柱) の a の長さの測定

回	本尺の読み [cm]	副尺の読み $\times \dfrac{1}{100}$ [cm]	合計 a [cm]
1	4.1	6.0/100 = 0.060	4.160
2	3.9	5.0/100 = 0.050	3.950
3	3.9	5.0/100 = 0.050	3.950
		平均	4.020

そして，各辺の長さの平均値を表 2 のようにまとめる．

表2　花崗岩 (角柱) の各辺の長さの平均値

a [cm]	b [cm]	c [cm]	d [cm]
4.020	3.890	2.468	22.460

実験方法 B の測定結果

測定試料　　花崗岩 (角柱)

質量 m　　574.1 g

花崗岩を入れる前と入れた後の水面の高さから体積を測定した結果を表 3 のようにまとめる．

表3　花崗岩 (角柱) の体積の測定結果

回	V_a [mL]	V_b [mL]	$V = V_b - V_a$ [mL]
1	741	959	218
2	604	820	216
3	554	771	217
		平均	217

花崗岩片 (大)，(小) についても，測定結果の上記のようにまとめる．

88　実験課題 11　花崗岩の密度測定

実験方法 C の測定結果

　比重びんが空のとき，花崗岩を入れたとき，それに水を入れたとき，および比重びんに水だけを入れたときの質量を測定した結果を，表 4 のようにまとめる．なお，水温は実験方法 3.と 4. で測定した値の平均値とする．

表4　比重びんによる測定結果

水温　25.5 ℃

M_0 [g]	M_1 [g]	M_2 [g]	M_3 [g]
33.4	90.6	125.7	91.6

5.　解　析

　実験方法 A，B，C それぞれについて，測定値から次のようにして密度を求める．

実験方法 A による密度

　表 2 に示した各辺の長さの平均値を用いて，体積 V は，

$$V = \frac{(a + b) \times c}{2} \times d$$

で計算できる．

　計算した体積 V と，測定した質量 m を式 (1) に代入して，密度 ρ を求める．

密度の計算例

　表 2 の値を用いると，体積は，
$$V = \frac{(4.020 + 3.890) \times 2.468}{2} \times 22.460 = 219.2 \, \mathrm{cm}^3$$
である．したがって，式 (1) を用いて密度を求めると，
$$\rho = \frac{m}{V} = \frac{574.1}{219.2} = 2.619 \, \mathrm{g/cm}^3$$
となる．

実験方法 B による密度

　花崗岩 (角柱) について，測定した質量 m と，表 3 に示した体積の平均値 V を式 (1) に代入し，花崗岩の密度 ρ を求める．

　花崗岩片 (大)，(小) についても，同様にして密度を求める．

密度の計算例

　測定した質量と，表 3 の体積の平均値から，

$$\rho = \frac{m}{V} = \frac{574.1}{217} = 2.65\,\mathrm{g/cm^3}$$

となる.

実験方法 C による密度

表 4 にまとめた質量を式 (2) に代入して，花崗岩の比重 S_t を計算する.

つぎに，測定した水温のときの水の密度を求める．巻末の物理定数表の水の密度は，1 ℃ ごとに与えられている．水温は 0.1 ℃ の位まで測定しているので，補間法により密度 ρ_t を求める.

これらより，花崗岩の密度は $\rho = S_t \times \rho_t$ により求める.

密度の計算例

表 4 の測定値より，花崗岩の比重は，

$$S_t = \frac{M_1 - M_0}{(M_3 - M_0) - (M_2 - M_1)} = \frac{90.6 - 33.4}{(91.6 - 33.4) - (125.7 - 90.6)} = 2.476$$

と計算できる.

水温は 25.5 ℃ であった．物理定数表から 25 ℃ の密度 $\rho_1 = 0.99704\,\mathrm{g/cm^3}$，26 ℃ の密度 $\rho_2 = 0.99678\,\mathrm{g/cm^3}$ である．つまり，水温が 1 ℃ 上昇すると，密度が $\Delta\rho = \rho_1 - \rho_2 = 0.00026\,\mathrm{g/cm^3}$ だけ減少する．したがって，水温が 25.5 ℃ のときの密度は

$$\rho_t = \rho_1 - \Delta\rho \times 0.5 = 0.99691\,\mathrm{g/cm^3}$$

と求められる.

したがって，花崗岩の密度は

$$\rho = \rho_t S_t = 0.99691 \times 2.476 = 2.47\,\mathrm{g/cm^3}$$

である.

6. 考 察

1. 得られた測定結果を既知の値と比較し，誤差について検討する.
2. A，B，C それぞれの測定方法の特徴をまとめる.

7. 考察補助課題

1. 花崗岩 (角柱) は A，B の 2 つの方法で測定したが，測定結果の密度 ρ を測定精度・誤差要因の観点から比較検討せよ.

90　実験課題 11　花崗岩の密度測定

8.　研究課題

1. 地表面にある岩石の密度はだいたい 1.3〜3.0 くらいの範囲にある．しかし，地球の平均密度は 5.5 である．かなり大きな密度差があるが，どう説明すればよいか．

MEMO

実験課題 12　遊動顕微鏡による屈折率の測定

1. 目的

平行平板に加工した各種光学ガラスなどの試料，および液体試料の屈折率を測定する．

2. 理論

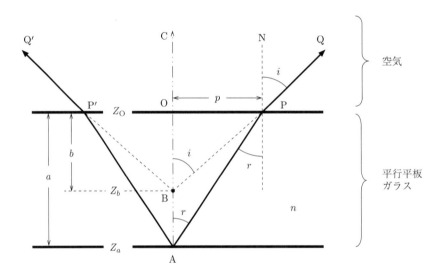

図 1　平行平板ガラスの屈折率測定

　光線が物質を通過するとき，その境界面で光線は屈折する．真空中に置かれた物質による光の屈折は絶対屈折率によって表される．物質はそれぞれ固有の絶対屈折率を持つ．一般的に絶対屈折理は，たんに屈折率とよばれることが多い．屈折率の異なる物質を接触させ，光線を通過させると，その接触面での光線の屈折は，相対屈折率として表すことができる．図1のように，空気に対する相対屈折率 n をもつ物体内の点 A から光が発するとする．A から出て行く光は様々な方向へ向かうと考えられるが，ここでは近軸光線で，図1の AOC 近辺の光線のみを考えることにする．A から出て P で屈折し空気中の点 Q の方向へ進む光線について，P に立てた面法線 PN と PQ および AP のなす角をそれぞれ i, r とすれば，式 (1) が成り立つ．ただし，i, r は十分に小さい角度であるとする．

$$n = \frac{\sin(i)}{\sin(r)} = \frac{\tan(i)}{\tan(r)} = \frac{\frac{p}{b}}{\frac{p}{a}} = \frac{a}{b} \tag{1}$$

ここで $p = \mathrm{OP}$, $a = \mathrm{OA}$, $b = \mathrm{OB}$ を表す．空気側から見た時，点 A は点 B の位置に見えることから虚像と呼ばれる．式 (1) より，物質の厚さ a と，O から虚像 B までの距離 b を測定すれば，空気に対する物質の相対屈折率 n が求まる．空気の屈折率は真空と同じ値であると近似できるので，ここで求めた相対屈折理 n をその物質の屈折率 (絶対屈折率) とみなすことができる．

3. 装置と方法

3.1 装　置

遊動顕微鏡，平行平板に加工した試料 (水晶，光学ガラス，アクリル)，液体試料 (純水)，ビーカー，微細粉末

3.2 方　法

A. 平行平板試料の測定

1. 遊動顕微鏡の水平載物台の金属面の磨き傷 A に焦点を合わせる．
2. 遊動顕微鏡の Z 軸 (垂直軸) の目盛の読みを z_a として記録する．
3. 試料を載せる．
4. A の虚像 B に遊動顕微鏡の焦点を合わせる．
5. 遊動顕微鏡の Z 軸 (垂直軸) の目盛の読みを z_b として記録する．
6. 試料面上の擦り傷 O に遊動顕微鏡の焦点を合わせる．
7. 遊動顕微鏡の Z 軸 (垂直軸) の目盛の読みを z_O として記録する．
8. 戴物台の試料の位置をずらして，同様の測定を行うことを 3 回繰り返す．

B. 液体試料の測定

1. ビーカー底面のマーカー A に誘導顕微鏡の焦点を合わせる．
2. 遊動顕微鏡の Z 軸 (垂直軸) の目盛の読みを z_a として記録する．
3. ビーカーに液体を注ぐ．
4. A の虚像 B に遊動顕微鏡の焦点を合わせる．
5. 遊動顕微鏡の Z 軸 (垂直軸) の目盛の読みを z_b として記録する．
6. 液体表面に微細粉末を一様に浮かべる．
7. 液体表面に浮かべた微細粉末に遊動顕微鏡の焦点を合わせる．
8. 遊動顕微鏡の Z 軸 (垂直軸) の目盛の読みを z_O として記録する．

4. 測定結果

それぞれの試料の測定結果を表 1 のようにまとめる．

94　実験課題 12　遊動顕微鏡による屈折率の測定

表1　平行平板試料 (水晶)

| | 1回目 | | | 2回目 | | | 3回目 | | | 平均 |
	主尺	副尺	[mm]	主尺	副尺	[mm]	主尺	副尺	[mm]	[mm]
z_a	6.3	13	63.13	6.3	14	63.14	6.3	13	63.13	6.313
z_b										
z_O										

5.　解　析

式 (1) は，測定値を使って式 (2) で表すことができる．

$$n = \frac{a}{b} = \frac{z_a - z_O}{z_b - z_O} \tag{2}$$

式 (2) より各試料の屈折率 n を求める．

6.　考　察

1. 得られた測定結果を既知の値と比較し，誤差について検討する．
2. 空気の屈折率が真空の屈折率と同じであるという近似を行わない場合，得られた測定結果をどのように修正すればよいか検討する．

7.　考察補助課題

1. 純水にガラス板を沈めた場合，ビーカー底面のマーカー A の虚像 B はどの位置に観察されるか考えてみよ．

8.　研究課題

1. 物質による屈折率の違いを議論せよ．
2. 測定した各試料物質内で，光の速度はいくらになるか？　それぞれ計算せよ．
3. 屈折率 n の物質中での光の速度は，真空中の速度 c に比べて $1/n$ だけ遅くなる．この事とホイヘンスの原理を用いて，式 (1) の入射角と屈折角の関係を導け．

MEMO

実験課題 13　pn 接合 (ダイオード) の V–I 特性の測定

1. 目　的

　pn 接合 (ダイオード) の電圧–電流 (V–I) 特性を測定し，整流の概念を得ると共に，半導体デバイスの基礎についても学ぶ．

2. 理　論

　トランジスタやダイオードを構成している物質はシリコン (Si) やゲルマニウム (Ge) などのような半導体である．半導体 (Semiconductor) とは，電気をよく通す導体 (金属) と，電気を通さない不導体 (絶縁体) の，ちょうど中間の電気伝導度を持つ物質である．IC や LSI などの半導体製品には Si が主として使用されている．

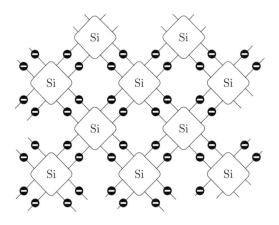

図 1　シリコン結晶の模式図

　Si は周期律表で 14 族の元素であり，4 個の価電子を持っている．Si 原子が多数集まって結晶をつくると，図 1 のように周囲の 4 個の Si 原子と化学結合を作り，ダイヤモンド構造と呼ばれる原子配列をとる．このとき，それぞれの原子の価電子は，隣りあった原子の価電子と対をなし，共有結合を作る．

　いま，この理想的な Si 結晶から Si 原子を 1 個とりのぞき，その代わりに価電子を 5 個もつ 15 族の P (りん) 原子を入れると図 2 のようになる．このとき，P 原子のもつ 5 個の価電子のうち 4 個は隣りあう Si 原子の価電子と対をなし，強い共有結合を作るのに寄与するが，余った 1 個の価電子は P 原子に弱く束縛される．束縛が弱いこの価電子は，熱エネルギーにより P 原子を離れ，結晶内を自由に

動き回ることができるようになる．このように，この余剰の価電子はほとんどの場合 P 原子からはなれ，伝導電子として Si の電気伝導に寄与する．P 原子のように，これを加えることによって半導体中に伝導電子を作り出すような不純物をドナーといい，このような伝導電子によって電気伝導がなされている半導体を n 型半導体と呼ぶ．同じ 15 族に属する As や Sb でも同じような効果が得られる．

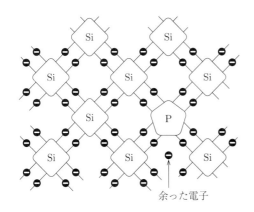

図 2 n 型半導体　　　　　　　　　　　　**図 3** p 型半導体

一方，Si 原子より価電子が 1 個少ない 13 族の原子，例えば Al（アルミニウム）を Si 結晶に入れたときの様子を図 3 に示す．Al 原子は，3 個の価電子を持つので，完全な共有結合を作るためには価電子が 1 個不足するため，電子が不足するところができる．これをホール（正孔）といい，少しのエネルギーで共有結合を作る他の価電子と入れ替わることによって結晶中を移動し Si の電気伝導に寄与する．このように半導体中にホールを生じさせる不純物をアクセプターといい，ホールによる電気伝導が支配的になる半導体を p 型半導体と呼ぶ．他の 13 族元素である B，Ga，In などでもアクセプターになる．

一つの半導体結晶中に p 型と n 型を隣接させて結合させたものを pn 接合という．これに電極を取り付けて電子素子としたものがダイオードである．

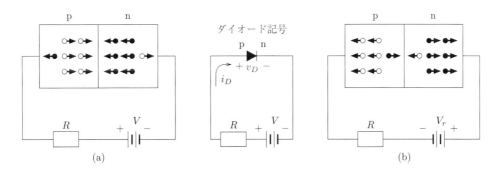

図 4 接合ダイオード　(a) 順バイアス　(b) 逆バイアス

図 4 (a) のように，n 型を電源の負極に，p 型を電源の正極に接続した場合を順バイアスと呼ぶ．順バイアスが加わると，p 型内のホールと n 型内の伝導電子は，いずれも接合部に移動し，接合部付

近で出会った電子とホールが結合をして消滅する．このとき，p型には電源の正極からホールが次々と供給され，n型には電源の負極から電子が供給されるので，電流が流れ続ける．この接続の方向を順方向という．逆に，図4(b)のように，n型に電源の正極を，p型に電源の負極を接続した場合を逆バイアスと呼ぶ．この場合，n型内の伝導電子は正極側に，p型内のホールは負極側に引き寄せられて，接合部から離れていく．したがって，pn接合には電流は流れない．この接続の方向を逆方向という．以上のように，pn接合では一方向にしか電流は流れず，これを整流特性という．このように，ダイオードは整流器として動作する．

pn接合を流れる電流Iは，pn接合の両端に加える電圧Vに対して

$$I = I_0 \left[\exp\left(\frac{eV}{kT}\right) - 1 \right] \tag{1}$$

と表される．ここで，I_0は飽和電流，eは電気素量，kはボルツマン定数，Tは絶対温度である．飽和電流I_0は半導体の性質に依存する．式(1)は正の電圧を加えると電流が指数関数的に増加することを示している．

図5にダイオードの電圧–電流(V–I)特性(整流特性)を示す．順方向ではある電圧以上になると急激に電流が増大するようになる．この電圧を立ち上がり電圧といい，Siでは0.6〜0.7V，Geでは0.2〜0.4Vである．逆方向では，ほとんど電流が流れないが，必要以上の大きな電圧を印加すると電流が流れ始める．この現象を降伏(ブレークダウン)と呼ぶ．

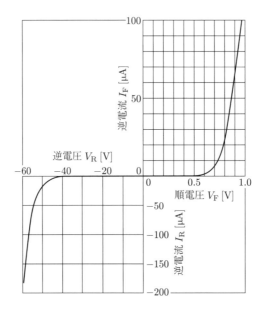

図5 Siダイオードの電圧(V)–電流(I)特性

3. 装置と方法

3.1 装 置
直流電源，電圧計，電流計，試料接続端子箱，試料 (ダイオード，1Ωの標準抵抗)，リード線

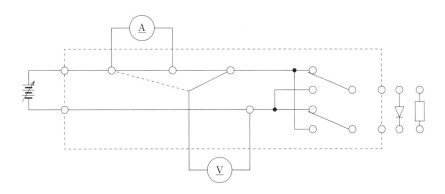

図 6 実験回路 接続図

3.2 方 法

A. ダイオードの電圧–電流特性の測定
1. 試料接続端子箱の接続が図 6 の接続図のようになっているか確認する．
2. ダイオードの向きを間違えないように試料端子に接続する．
3. 最初は順方向バイアスになるようにスイッチを切り替える．
4. 電源の電圧調節ツマミを回転して，電圧を 0.1 V ずつ変化させながら，そのときの電流を読み取る．
5. 電圧が 0.6 V になったら，それ以上は電圧を 0.01 V ずつ変化させ，電流が 1.0 A を超えたら測定を止める．大きな電流を流すとダイオードが発熱し特性が変化するため，素早く実験をすすめる．
6. スイッチを逆方向バイアスに切り替える．
7. 電圧計を入れる位置を図 6 の点線のようにする．電圧を 1.0 V まで 0.1 V ずつ変化させながら，電流を測定する．

B. 抵抗の電圧–電流特性の測定
1. 試料を標準抵抗に変えて試料端子に取り付ける．抵抗は極性がないので，向きを気にする必要はない．
2. スイッチを順方向バイアスに切り替える．
3. 電圧を 0.1 V ずつ 1.0 V まで変化させながら，電流の測定をする．
4. スイッチを逆方向バイアスに切り替える．抵抗の測定では，電圧計の接続を点線の位置に変えなくてよい．
5. 電圧を 0.1 V ずつ 1.0 V まで変化させながら，電流の測定をする．

100   実験課題 13 pn 接合 (ダイオード) の V–I 特性の測定

4. 測定結果

ダイオードおよび抵抗それぞれの V–I 測定値を以下の表1のようにまとめる.

表1 電圧 (V) –電流 (I) 特性の測定

ダイオード				抵　抗　1.000 Ω			
順バイアス		逆バイアス		順バイアス		逆バイアス	
電圧 [V]	電流 [A]	電圧 [V]	電流 [A]	電圧 [V]	電流 [A]	電圧 [V]	電流 [A]
0.00	0.000	0.00	0.000	0.00	0.000	0.00	0.000
0.10	0.000	0.10	0.000	0.10	0.102	0.10	0.101
0.20	0.001	0.20	0.000	0.20	0.201	0.20	0.200
0.30	0.001	0.30	0.000	0.30	0.301	0.30	0.302
0.40	0.001	0.40	0.000	0.40	0.397	0.40	0.396
0.50	0.002	0.50	0.000	0.50	0.493	0.50	0.492
0.60	0.004	0.60	0.000	0.60	0.596	0.60	0.595
0.61	0.005	0.70	0.000	0.70	0.693	0.70	0.691
0.62	0.007	0.80	0.000	0.80	0.790	0.80	0.789
0.63	0.008	0.90	0.000	0.90	0.887	0.90	0.882
0.64	0.010	1.00	0.000	1.00	0.983	1.00	0.981
0.65	0.014						
0.66	0.018						
0.67	0.024						
0.68	0.030						
0.69	0.040						
0.70	0.052						
0.71	0.070						

注)　ダイオードの順バイアス方向測定
0.60 V 以上は 0.01 V ごとに電流測定する.
急激に電流が変化するので注意する.

また，ダイオードおよび標準抵抗に対して，横軸を電圧 [V]，縦軸を電流 [A] として，図7のように1枚のグラフ用紙に測定結果を描く.

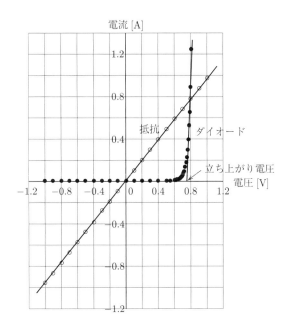

図 7　ダイオードと標準抵抗の電圧–電流特性の測定結果

5. 解 析

1. ダイオードの電圧–電流特性について，図 7 のように立ち上がった後の測定値に合うように直線を引き，横軸との交点から立ち上がり電圧を読み取る．
2. 標準抵抗の電圧–電流特性について，図 7 のように測定点に合うように直線を引き，その傾きを求める．

6. 考 察

1. ダイオードの順バイアス測定の際，電流が急激に上がり始めたときの "電圧" はいくらだったか．その値はダイオードの特性を表す重要な量であるが，Si ダイオードの既知の値 (文献値) を調べ，測定値と比較し検討せよ．
2. 抵抗の電圧–電流特性のグラフ上に引いた直線の傾きは何を意味しているか．基準となる値と比較し検討せよ．

7. 考察補助課題

1. ダイオードの電圧–電流特性について，順方向の電圧が 0.6 V 以上の測定結果を，縦軸を対数とした片対数グラフにプロットする．その結果はどうであったか．それから何がいえるかに

ついて考えてみよ.

8. 研究課題

1. ダイオードの逆方向バイアスのときだけ電圧計の入れる位置変化させるのはなぜか.
2. ダイオードは実際にはどのような場面で使用されているかについて調べよ.
3. 実験で使用した Si ダイオード以外に Ge ダイオードもある. それぞれの特徴を調べよ.
4. ダイオード以外の半導体デバイスにはどのようなものがあるのかについて調べてみよ.

8. 研究課題　　*103*

MEMO

実験課題 14　シュテファン－ボルツマン定数の測定

1.　目　的

　理想的な黒体からは，絶対温度の 4 乗に比例して熱エネルギーが電磁波として放射されることが知られており，これはシュテファン－ボルツマンの法則と呼ばれている．この比例定数をシュテファン－ボルツマン定数 σ とよぶ．この実験では，真空中に置かれた黒体からの熱エネルギーの放射量を測定し，定数 σ を求める．

2.　理　論

2.1　シュテファン－ボルツマンの法則

　物体の表面からは，常にその表面温度に応じた電磁波が放出されており，これを「熱放射」という．例えば物体を 600 ℃ 程度まで加熱すると赤い光を放射し始め，さらに千数百 ℃ になると白い光を放つようになる．常温 (数 10 ℃) においても電磁波は放射されているが，波長が長いので人の目には見えない．また，これらの電磁波は連続スペクトルを持つ．物体の表面に他からの熱放射が当たると，その一部は反射され，一部は吸収され，残りは透過する．それぞれが，どの程度の割合になるかは物質により異なるが，特に，入射する熱放射をすべて吸収する理想的な物体を「黒体」という．

　黒体表面の絶対温度が T のとき，単位面積，単位時間あたりに放射されるエネルギー I との間には，シュテファン (Jožef Stefan) が実験的に見出し，その弟子であったボルツマン (Ludwig Eduard Boltzmann) が理論的に導いた関係，$I \propto T^4$ が成り立つ．これをシュテファン－ボルツマンの法則とよぶ．ここで，シュテファン－ボルツマン定数を σ とすると，

$$I = \sigma T^4 \tag{1}$$

という関係式が成り立つ．

2.2　物体間の熱放射

　図 1 のように一定温度 T_0 の壁で囲まれた熱平衡状態の真空の空洞内には熱放射が満ちており，壁はその温度 T_0 に応じたエネルギーを空洞へ放出し，同量の放射を空洞から吸収している．

　そこに，図 2 のように，この空洞内へ試料となる黒体を置くと，黒体表面に入射する放射 I_0 は単位面積，単位時間あたりでは，

$$I_0 = \sigma T_0{}^4 \tag{2}$$

となり，試料はこれを全て吸収している．

図1

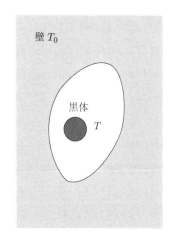

図2

一方，試料の表面温度が T であるとすると，試料表面からの単位面積，単位時間あたりの熱放射 I は，

$$I = \sigma T^4 \tag{3}$$

となる．

真空中では，熱の対流や伝導がないため，試料と空洞の壁面との間の熱のやりとりは，式(2)と(3)で表される熱放射のみとなる．

試料の表面積を A とすると，単位時間あたりに試料が壁から受け取る熱放射は AI_0，単位時間当たりに試料が放出する熱放射は AI となる．いま，黒体の温度 T が壁の温度 T_0 より高ければ，単位時間あたり，

$$\begin{aligned} P &= AI - AI_0 \\ &= A\sigma(T^4 - T_0{}^4) \end{aligned} \tag{4}$$

の熱量が熱放射の形で試料から放出される．したがって，試料は時間の経過と共に熱を徐々に失い，やがて壁面の温度と一致 $(T = T_0)$ して，熱放射の平衡状態に達する．

2.3 試料が放出する熱量

試料が熱放射によって失う単位時間あたりの熱放射 P を求める．いま，試料の温度が ΔT だけ低下したとすると，質量 m の試料から放出された熱量 Q は，試料の比熱を c として，$Q = mc\Delta T$ となる．さらに，時間 Δt の間に Q の熱量が放出されたとすると，単位時間あたりに放出される熱放射 P は，

$$\begin{aligned} P &= \frac{Q}{\Delta t} \\ &= \frac{mc\Delta T}{\Delta t} \end{aligned} \tag{5}$$

となる．

2.4 シュテファン-ボルツマン定数 σ の導出

熱力学第一法則から，式 (4) と式 (5) の熱放射 P は等しくなる．よって，

$$A\sigma(T^4 - T_0^{\,4}) = \frac{mc\Delta T}{\Delta t}$$

この式から，

$$\frac{mc\Delta T}{A\Delta t} = \sigma(T^4 - T_0^{\,4}) \tag{6}$$

という関係式が得られる．ここで，$y = \dfrac{mc\Delta T}{A\Delta t}$，$x = (T^4 - T_0^{\,4})$ と置きなおしてみると，

$$y = \sigma x \tag{7}$$

という，簡単な比例関係の式となっていることがわかる．求めるべきシュテファン-ボルツマン定数 σ は，この比例係数である．いま，試料の質量 m，熱容量 c，表面積 A，空洞の温度 T_0 はあらかじめわかっている変化しない量である．よって，試料の温度 T の時間変化を実験により測定することで，それぞれの時刻における ΔT と (x, y) を計算によって求めることができる．このようにして求めたデータ点 (x, y) をグラフにプロットすると，それらの点はある一つの直線上に並ぶはずであり，その直線の傾きが σ を表すことになる．

3. 装置と方法

3.1 装 置

真空装置，温度測定装置，白熱灯，温度計，ストップウオッチ，試料黒体

本実験の模式図を実験室も含めて描くと図 3 のようになる．実験室は熱平衡状態になっているものとし，実験室の室温をもって，空洞壁の温度 T_0 と見なす．真空装置と温度測定装置の詳細を図 4 に示す．

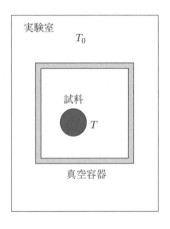

図 3

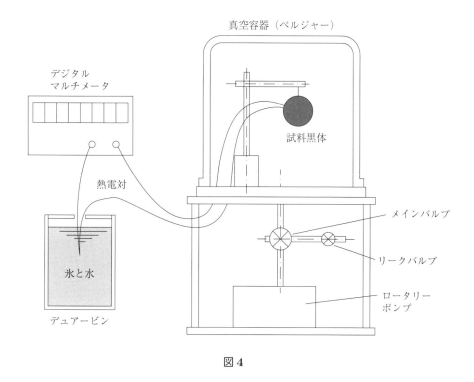

図 4

真空装置
真空装置は，真空容器 (ベルジャー) と容器の中の空気を排気するための真空ポンプ (ロータリーポンプ)，それに付随するメインバルブとリークバルブからなる．

温度測定装置
銅－コンスタンタンの熱電対を使って温度を測定する．熱電対の冷接点は氷の融点を使うためデュアービンに純水と氷を入れてよく攪拌する．熱電対の温接点は試料黒体の表面に繋ぐ．熱電対の起電力をデジタルマルチメータで読み取り，起電力と温度の較正曲線を使って試料表面の絶対温度を求める．

試料黒体
試料黒体としては直径約 3 cm，厚さ約 1 mm の銅円板にすすを付着させたものを用いる．

3.2 方 法

> 実験上の注意
> - 真空容器 (ベルジャー) の「取り外し」，「取り付け」は非常に危険なので必ず教員の付き添いの元に作業すること．
> - 試料と白熱電球を絶対に接触させないこと．
> - 真空について，あらかじめ補足 A を参照し理解を深めておくこと．
> - 熱電対の原理について，あらかじめ補足 B を参照し理解を深めておくこと．

> ・試料黒体についてのデータは机上に表示してあるものを使用すること.

1. 室温 T_0 を測定する.
2. 真空装置のメインバルブを開いておく.
3. デュアービンに氷と水を満たし, そこへ銅 – コンスタンタン熱電対の冷接点を入れる.
4. 熱電対をデジタルマルチメータに接続し, 熱起電力を読み取る.
5. 真空容器 (ベルジャー) を取り外す.
6. ベースプレート上に吊り下げられた試料に距離 1 cm 程度まで, 100 W 電球を接近させて試料を加熱する.
7. マルチメーターの表示を読み取る.
8. 試料が 100 ℃ 程度, 熱起電力で 4.2 mV 程度, になった直後に素早く電球を取り除く.
9. ベルジャーを取り付ける.
10. 真空ポンプを作動させる.
11. メインバルブを全開する.
12. ストップウオッチをスタートさせる.
13. 1 分 30 秒後から 3 分 40 秒まで 10 秒ごとに熱起電力を測定する.
14. 真空ポンプを停止する.
15. リークバルブを開く.

4. 測定結果

表 1 のように各時刻における熱電対の起電力の値を, 熱電対の較正曲線を使って, 摂氏温度と絶対温度に換算する.

5. 解 析

20 秒ごと ($\Delta t = 20\,\text{s}$) の温度変化 ΔT を計算し表 1 を完成させる. これらのデータをグラフにプロットし, $\dfrac{mc\Delta T}{A\Delta t}$ と $T^4 - T_0{}^4$ との関係を図 5 のようなグラフにする.
図 5 のグラフの傾きからシュテファン – ボルツマン定数 σ を求める.

6. 考 察

1. 得られた測定結果を既知の値と比較し, 誤差について検討する.
2. 試料が完全な黒体でなかった場合, 測定結果にどのような影響が表れるか.

表 1　測定例 ($\Delta t = 20.0\,\mathrm{s}$ として計算した場合)

$t\,[\mathrm{s}]$	$V\,[\mathrm{mV}]$	$\theta\,[°\mathrm{C}]$	$T\,[\mathrm{K}]$	$\Delta T\,[\mathrm{K}]$	$x = T^4 - T_0^{\,4}$ $[\times 10^9\,\mathrm{K}^4]$	$y = \dfrac{mc\Delta T}{A\Delta t}$ $[\times 10^2\,\mathrm{W/m^2}]$
90.0	2.092	60.86	334.01	—	—	—
100.0	2.030	59.38	332.53	2.92	4.165	2.36
110.0	1.971	57.94	331.09	2.78	3.954	2.24
120.0	1.916	56.60	329.75	2.64	3.761	2.13
130.0	1.860	55.30	328.45	2.50	3.576	2.02
140.0	1.818	54.10	327.25	2.36	3.407	1.90
150.0	1.771	52.94	326.09	2.25	3.245	1.81
160.0	1.727	51.85	325.00	2.16	3.094	1.74
170.0	1.683	50.78	323.93	2.07	2.948	1.67
180.0	1.642	49.78	322.93	1.95	2.813	1.57
190.0	1.602	48.83	321.98	1.88	2.685	1.52
200.0	1.567	47.90	321.05	1.83	2.562	1.48
210.0	1.531	47.00	320.15	1.72	2.443	1.39
220.0	1.500	46.18	319.33	—	—	—

この表は $\Delta t = 20.0\,\mathrm{s}$ の場合である．したがって，ΔT は $t = 90.0\,\mathrm{s}$ と $t = 110.0\,\mathrm{s}$ の時の温度の差，$t = 100.0\,\mathrm{s}$ と $t = 120.0\,\mathrm{s}$ の時の温度の差，$\cdots$ のように，$20.0\,\mathrm{s}$ 間隔で計算している．

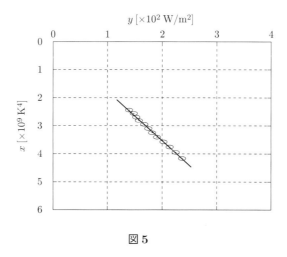

図 5

7. 考察補助課題

1. 真空度が悪かった場合，測定にはどのような影響があると考えられるか．

8. 研究課題

1. 地球近傍の宇宙空間には太陽からの熱放射が満ちており，その値は 1.37×10^3 J/(m^2·s) である．これを太陽定数とよぶ．これより太陽の表面温度を求めよ．ただし，太陽は理想的な黒体とみなせるものとする．また，太陽の半径 $L = 7 \times 10^5$ km，地球の軌道半径 $R = 1.5 \times 10^8$ km とする．
2. 地球および太陽をともに黒体と見なすと，地球の表面温度はいくらになるか．

補足 A. 真空について

(1) 気圧の定義

空気も地球からの重力を受けるため，地表付近で大気から受ける力の大きさは1平方メートル当たり約10トン相当の力という大きなものになる．この大気からの圧力を大気圧と呼び，歴史的に標準的な大気圧を1気圧と定義している．現在はSI単位系に移行しているため，Pa [パスカル] という単位が国際的に使われている．1 N/m^2 = 1 Pa と定義され，換算式は，1気圧 = 1.01325×10^5 Pa である．天気予報などでは，100 Pa = 1 hPa [ヘクトパスカル] という単位がよく使われている．

理想的な真空 (絶対真空 = 0 Pa の状態) は，この大気を全て取り除いたときに実現されるが，実際に真空ポンプを使って大気を排気して得られる真空は絶対真空には到達できない．一般に，10^5～10^2 Pa を低真空，10^2～10^{-1} Pa を中真空，10^{-1}～10^{-6} Pa を高真空，10^{-6}～10^{-9} Pa の真空を超高真空，これよりも圧力の低い真空を極高真空と呼んでいる．

(2) 真空ポンプ

この実験では油回転ポンプ (ロータリーポンプ) と呼ばれる真空ポンプを使う．動作原理を図6に示す．図6の(1)のようにポンプの中にはローターと可動の仕切がある．また排気側には，逆止弁がついている．図6の(2)～(3)のようにローターが回転すると，真空容器から空気が流入すると同時に，排気口側の空気が圧縮される．さらにローターが回転し圧縮された空気の圧力が1気圧を超えると，図6の(4)のように排気口の弁が開き空気が排気され，再び図6の(1)状態に戻る．この過程を繰り返すことで，真空容器の中が排気されていく．

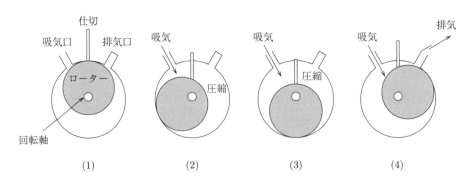

図6

図には描かれていないが，可動部の動作を滑らかにするため，また気密を保つために油が入っている．油回転ポンプは構造が単純で安価なため，幅広く使われているが，気体の圧縮能力に限界があること，圧力が下がってくると油が蒸発して真空容器側に逆流してしまうことがあることなどから，その使用は低真空から中真空までの用途に限定される．さらに高真空から超高真空に到達するためには，ターボ分子ポンプ，油拡散ポンプ，クライオポンプなどが使われる．これらのポンプの動作原理ついて調べてみよ．

(3) 真空断熱

大気中では，黒体試料の熱エネルギーは空気の熱伝導や対流による熱伝達によっても失われてしまう．したがって，この実験では空気による熱エネルギーの損失が無視できる程度の真空状態を作って，放射による熱エネルギーの減少の効果を測定する．これを「真空断熱」という．真空断熱は，魔法瓶などの保温容器によく使われている．

この実験からも明らかなように，真空とは気体のような物質が存在しない状態であるが，放射のようなエネルギーは存在することができる．

補足 B. 熱電対について
(1) ゼーベック効果

図7のように，2種類の金属線AとBの両端を接合した閉回路を作ったとき，接合点aとbの間に温度差 $(T_0 \neq T)$ が生じると，ゼーベック効果により回路に熱電流と呼ばれる電流が流れる．この時，図8のように片側の接合点の間に電圧計を入れると，金属線間に生じた電圧を測定することができる．発生する電圧は，aとbの温度差に応じて変化する．このとき生じる電圧を熱起電力という．また，ゼーベック効果の生じる2種類の金属線を対にしたものを熱電対と呼ぶ．熱電対には様々な金属の組み合わせのものがあり，熱起電力の変化の温度依存性は熱電対の組み合わせによって変わるが，金属線の太さや長さにはよらない．

熱電対の接合点aでの温度 T_0 を一定に保ち，もう一方の接合点bでの温度 T を変化させたときの熱起電力 E の変化の割合を熱電能 S という．S は，α と β をある定数として，近似的に次の式で与えられる．

$$S = \frac{dE}{dT} = \alpha + \beta T \tag{8}$$

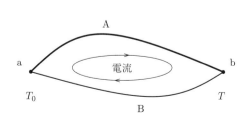

図 7

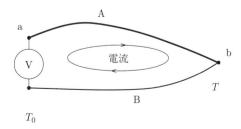

図 8

式 (8) を，温度 T_0 を基準として T について積分すると，熱起電力 E は次の式で与えられる．

$$E = \alpha(T - T_0) + \frac{1}{2}\beta(T^2 - T_0{}^2) \tag{9}$$

簡単のため，$T_0 = 0\ ℃$ とすると，

$$E = \alpha T + \frac{1}{2}\beta T^2 \tag{10}$$

となり，熱起電力 E は温度 T の二次式で表されることがわかる．よって，温度 T と熱起電力 E との関係をあらかじめ調べて二次曲線の関数を求めておけば，熱電対を温度計として用いることができる．

(2) 熱電対の種類

熱電対に使われる金属は，使用範囲に合わせて何種類かの組み合わせを選ぶことができる．よく使われる熱電対の種類を表2にあげる．この実験では銅−コンスタンタン熱電対を使う．コンスタンタンは銅 (Cu) 55%，ニッケル (Ni) 45% からなる合金である．

表 2

金属の種類		記号	使用範囲 (℃)
＋ 側	− 側		
クロメル	アルメル	K	$-200 \sim 1200$
銅	コンスタンタン	T	$-200 \sim 400$
白金ロジウム	白金	S	$100 \sim 1600$
鉄	コンスタンタン	J	$0 \sim 600$

(3) ペルチェ効果

ゼーベック効果を逆に使い，電流を流すことで接点間に温度差を作り出すことができる．これをペルチェ効果とよぶ．

3.

付　録

付録－1 報告書 (レポート) の書き方

　実験の報告書は，読み手に実験の目的と内容を理解させ，その結論の妥当性を納得させるためのものである．読み手が結論に疑いを持ったとき，その報告書の情報を頼りに実験結果を確認 (追試) できるものでなければならない．

　報告書はプレゼンテーション (口頭発表) と違い，文章だけで読み手に理解してもらわなければならない．プレゼンテーションなら口頭で説明を加えることができるが，報告書ではそうはいかない．したがって，不足の無いように十分に文章で説明しなければならないのである．

報告書の構成

　物理学実験の報告書は以下の 10 の項目で構成すること．**どれ一つが欠けても報告書は受理されない**．

　　表紙，実験課題名，目的，理論，装置と方法，測定結果，解析，考察，結論，参考文献

(1) **表紙**：書式に従って記入すること．
(2) 構成：以下の順序で**明確に項目を設けて**書くこと．
　　実験課題名：実験の課題名を書く．
　1. **目的**：実験の目的を書く．
　2. **理論**：「目的」とする測定値を得るための理論式を導く．
　　　指導書の「理論」を参考にして，不明な点などを自分で調べて補って書く．
　3. **装置と方法**：測定値を得るための実験装置および実験の手順を記述する．
　　① 実験装置は図を描いて説明する．
　　② 装置図は指導書の図も参考に，装置の概念がわかる範囲で図を簡略化してもよい．
　　③ 方法は指導書の「方法」を参考に，実際に自分たちが行った手順を反映させて記述する．
　　④ 文章は過去形にする．
　　ここまでは指導書に書かれていることを参考にしても構わない．
　　しかし，これ以降は各自のオリジナルである．
　4. **測定結果**：測定して得たデータを記載する．
　　① データなどの数値は可能な限り表にまとめる．
　　② データを表にまとめる前に，まず何を表にまとめたのか文章で説明する．
　　③ 数値には必ず単位を明記する．

④　有効数字の桁数を揃えるなど細心の注意を払うこと．

⑤　必要に応じてグラフを作成する．

　グラフは 1 mm 方眼用紙 (A4 サイズ) に描くこと．グラフを描く際には，後述の「グラフ作成の際の注意点」および，"付録"の「実験曲線の描き方」を参照せよ．

5.　<u>解析</u>：測定値から計算などで導き出した内容を記載する．

①　解析の過程，計算式，得られた"最終結果"を明記する．

②　数値には必ず単位を明記する．

③　有効数字の桁数に留意すること．

④　使用したデータ・表・図・式番号なども明記する．

6.　<u>考察</u>：実験結果を評価する．

①　得られた実験結果によって何がわかるのかを記述する．

②　指導書の各課題の「考察」「考察補助課題」を基本とし，各指導教官の指示に従って記述すればよい．

③　測定によって得られた物理量がどれだけ正しく測定されたのかを評価するために既知の値との比較検討に百分率誤差を求める．

　既知の値とは，より正確に測定された先人たちの実験結果や，理論的に導き出された値である．物理学実験では指導書の巻末にある「物理定数表」に載っているので，それを用いて構わない．

7.　<u>結論</u>：全体のまとめである．

　考察を踏まえ，この実験で明らかになった内容 (最終結果など) を，「目的」と呼応したかたちで述べる．

　「測定結果，解析」の章で得られた"最終結果"はここで繰り返し述べる必要がある．

8.　<u>参考文献</u>：参考にした文献や資料を書く．

　何を参考にしたのかを明らかにするため次の内容を記載する．

①　書籍の場合

　　引用番号，著者名，著書名，引用ページ番号，出版社名，出版年

②　Web サイトの場合

　　引用番号，著者名，Web サイト名，更新日付，URL，参照日

報告書作成の注意事項

報告書を作成する際に注意すべき主な内容を以下に述べるので守ること．

1.　各章 (「目的」から「参考文献」まで) には章題を付け，項目を明確にする．

2.　ページ番号を付ける．

3.　図には「図番号」と「図のタイトル」を付ける．

　図には"実験装置図"などの図解イラスト以外にも写真，グラフ用紙に書かれたグラフも含

116　付録 – 1　報告書 (レポート) の書き方

まれる.

① 図番号は通し番号とし，"図 1" という形式にする.

② 図のタイトルは，図番号のうしろに続けて書く.（例：図1　温度と密度の関係)

③ 図番号と図のタイトルはまとめて**"図の下"**に付ける.

4. 表には「表番号」と「表のタイトル」を付ける.

表とは，測定値などを分類し並べて見やすくするために縦横の線 (罫線) で区切ったものである.

① 表番号は通し番号とし，"表 1" という形式にする.

② 表のタイトルは，表番号のうしろに続けて書く.（例：表1　水温の測定)

③ 表番号と表のタイトルはまとめて**"表の上"**に付ける.

5. グラフ作成の際の注意点

① 方眼用紙の余白にはなるべく文字を書かないようにする.

縦軸・横軸の軸線は，端から 2 cm 程度内側に引くこと.

② グラフの表題，縦軸・横軸の名前・単位などの記述を忘れないこと.

③ グラフは "図" であるので，報告書に付けるときには "図番号" を付与すること.

④ 作成したグラフは切り取らずにそのまま**報告書**に添付する.

6. 剽窃について

剽窃 (ひょうせつ) とは，レポートや発表において適切な引用をせずに他人の考えを自分のものとして公表することをいう. 以下の行為は剽窃とみなされる. やってはいけないことである.

① 文献や Web ページなどで調べたことを，引用であることを明示せず，あたかも自ら考えたことであるかのように記すこと.

② 文献や Web ページなどで調べたことを，正しい文献名，URL，Web ページアクセス日などを明示せずに記すこと.

③ 他人のレポートを写すこと.

④ 他人にレポートを写させること.

さらに，本学の物理学実験の報告書では以下の決まり事も守ること.

報告書の様式

1. 規定の表紙 (教員が配布する) を付けること.

2. 指定の A4 版レポート用紙を使用し，**左端の 2 カ所**をホッチキスで綴じること.
（レポート用紙の上部が糊付けされている場合は剥がしておくこと)

3. 報告書の記述は黒のボールペンか万年筆を使用すること. 鉛筆の使用は禁止.

4. グラフの作成には鉛筆を使用すること.

表紙の例

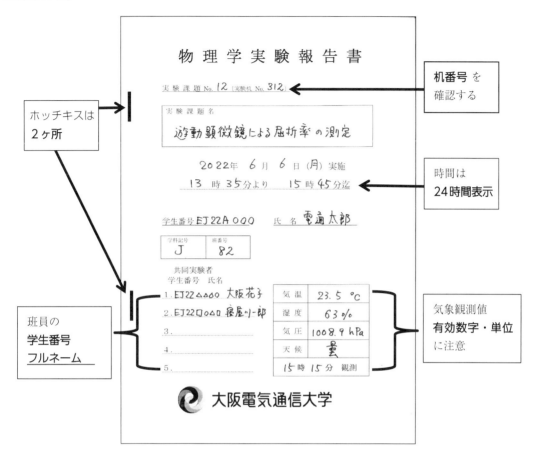

レポート作成例

---

p.1

遊動顕微鏡による屈折率の測定

1．目的
平行平板に加工した各種光学ガラス等の試料および液体試料の屈折率を測定する

2．理論
繰質の異なる物質の境界面では光は屈折する。
光の屈折角は、境界を挟んだ二つの物質の屈折率の比によって決まる。
今回の実験では、片方の物質を空気として、空気と測定試料間での屈折角を、虚像を使って測定することにより、屈折率を算出する。

図1　屈折率測定概念図

図1に測定の概念図を示す。
厚さaの試料の点Aから光が発するとする。その光が境界面に入射角rで入射して空気中に出る際に屈折する。その角度をiとする。

---

p.3

3．装置と方法
3．1　装置
遊動顕微鏡、試料（水晶、光学ガラス、アクリル、純水）、液体試料用ビーカー

図2　実験装置図

3．2　方法
今回は4種の試料（水晶、光学ガラス、アクリル、純水）について、以下の手順で順番に測定を行った。
1．遊動顕微鏡の水平載物台上の磨き傷Aにピントを合わせ、その際の遊動顕微鏡のZ軸の目盛りを1／100mmまで読み取り、Zaとして記録した。
2．次に資料を水平載物台に載せ、磨き傷Aの虚像Bにピントを合わせ、Z軸の目盛りを1／100mmまで読み取った。これをZbとして記録した。
3．

---

p.5

4．測定結果
それぞれの試料で、Zaの測定は1回のみZb,Z0の測定は3回ずつ行った。
その測定値を平均値と共に以下の表にまとめた。

表1　各試料のZa、Zb、Z0の測定値

試料名	Za[mm]	Zb[mm]	Z0[mm]
水晶			
		平均	平均
光学ガラス			
		平均	平均
アクリル			
		平均	平均
純水			
		平均	平均

5．解析
理論の(1)式に、表1に記した、各試料の測定値をあてはめて屈折率 n を計算していく。

1．水晶の場合

$$n = \frac{Za - Z0}{Zb - Z0}$$

2．光学ガラスの場合

---

p.7

以上の解析の結果より得られた各試料の屈折率を以下の表2にまとめた。

表2　各試料の屈折率の測定結果

試料名	屈折率（測定値）
水晶	
光学ガラス	
アクリル	
純水	

---

p.8

6．考察
今回の測定では、各種光学ガラスの屈折率が求まった。これにより、物質によって屈折率が違うことが確認できた。
測定の確かさを確認するため、既知の屈折率との比較を試みた。
既知の屈折率は、水晶　　　　、光学ガラス　　　　、アクリル、　　　　純水　　　　［1］
であるので、この値を使って百分率誤差を計算すると以下のようになった。
水晶　　　％、光学ガラス　　　％、アクリル　　　％、純水　　　％

一部を除き、誤差を△△％以内に収まっていた。今回の実際での誤差は遊動顕微鏡の　　　［2］
・・・・・・・・によるものであり、それは　　　　　　　くらいと見積もられ、今回の測定と合致する。

試料○○については他の物に比べて誤差が大きかった。これは測定上、××があったためと考えられる。それは以下のような理由による。

---

p.9

7．結論
遊動顕微鏡を用いて各種光学ガラス、液体試料の屈折率を測定した。
また、それぞれの試料の屈折率を既知の値と比較し百分率誤差を計算した。
これらの結果をまとめると以下のようになる。

表3　各試料の屈折率（測定値）と誤差のまとめ

試料名	屈折率（測定値）	百分率誤差（％）
水晶		
光学ガラス		
アクリル		
純水		

○○は、他に比べ誤差が大きくなっているが、考察により、これは××が原因だと考えられる。

8．参考文献
[1] 電通一夫, 物理定数に関する○○, pp.77～78, △△出版社 2024年4月1日 第2版発行
[2] ○△研究所, "××に関する屈折率の研究", 2020-07-10,
http://www.・・・・・/・・・・・/・・・・・・・/・・・・・, 参照日2024-05-28

付録-2　測定器の使い方

物理学実験で使用する測定器のうち，読取望遠鏡，マイクロメータ，ノギスの使い方について学ぶ．

1. 基　本

1.1　目盛の読み方

ものさし，上皿はかりやアナログテスターなど等間隔に目盛を打ってある測定器は必ず，目盛線と目盛線との間を目分量で 1/10 まで読む．

これが基本であり，読取望遠鏡やマイクロメータもこの "線と線の間を読む" という点では同じで，ただ細かく正確に読めるようにしているだけである．

棒の長さをものさしで測る例を図1に示す．図のように配置して，棒の両端のものさしの目盛を読む．もちろん，棒の端がものさしの目盛線上にぴったり乗っているとは限らないので，目盛線と目盛線の間を目分量で読み取る必要がある．

図 1　ものさしによる棒の長さの測定 (上の黒い部分が棒)　　単位：mm

ものさしの目盛線は 1 mm 毎に付いている．まず，棒の左端の目盛を読む．左端は目盛 14 mm と目盛 15 mm の間にある (拡大した図 2 参照)．この目盛線間を目分量で (頭の中で間隔を 10 等分して) 読み取る．この例では棒の端は線間の半分よりやや 14 mm に近いので 0.4 mm と読んだ．したがって，棒の左端は 14.4 mm の位置にある．同様に右端を読むと，421.8 mm (図 3) となっている．

結果，棒の長さは

$$421.8 - 14.4 = 407.4 \, \text{mm}$$

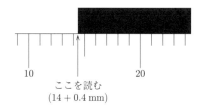

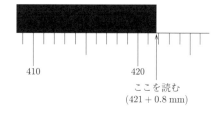

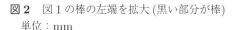

図 2　図 1 の棒の左端を拡大 (黒い部分が棒)
単位：mm

図 3　図 1 の棒の右端を拡大 (黒い部分が棒)
単位：mm

120　付録-2　測定器の使い方

となる．

このように，ものさしの場合は最小目盛間隔の 1 mm の 1/10 である 0.1 mm まで目盛を読む必要がある．

2. 読取望遠鏡の使い方

一般的には読取顕微鏡と呼ばれている装置を本実験ではレンズの一部を外して，望遠鏡として用いている．顕微鏡にしろ，望遠鏡にしろ，どちらも使用方法は同じであり，2 点間の距離を離れた場所から測定する装置である．位置を測定する「ものさし」には副尺が付いており，本実験で使用する装置は 1/100 mm の正確さで測定可能となっている．

2.1　使用法

1. 望遠鏡を覗き，十字線のピントを合わせる．
2. 対象物にピントを合わせる．
3. 望遠鏡を上下 (左右) に動かし，十字線の中心を対象物の目標点に合わせる．
4. その位置で付属の「ものさし」の目盛を読み取る．
5. 必要な回数だけ上記の 3., 4. を繰り返す．

以下，1. から 4. について順番に説明していく．

1. 望遠鏡を覗き，十字線のピントを合わせる

読取望遠鏡は 1/100 mm という正確さで長さを測ることができる．そのため，目標物に対して高さをそれ以上の正確さで合わせる必要がある．この目的のために望遠鏡内には非常に細い十字線が

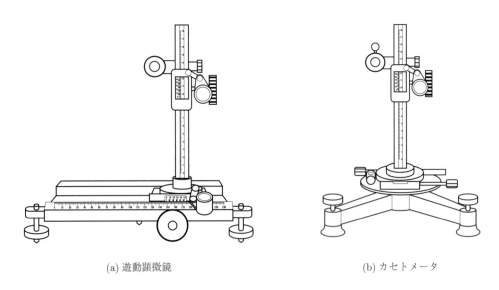

(a) 遊動顕微鏡　　　　　　　　　　　(b) カセトメータ

図 4　読取望遠鏡

入っている．この十字線の中心を目標物に合わせることで正確な位置決めが可能となっている．

望遠鏡を覗き十字線を見ながら**接眼レンズ部分を左右に回して**，十字線がくっきり見える位置で止める (図 5, 6 参照)．

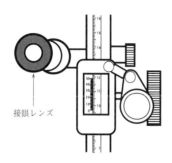

図 5 接眼レンズ

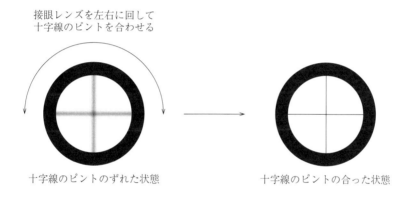

図 6 望遠鏡の接眼レンズを覗いた様子 (左図：ピントがずれている，右図：ピントが合っている)

注) 各自視力の違いがあるので必ず自分の目で見てピント合わせをすること．

2. 対象物にピントを合わせる

望遠鏡を覗き目標となる対象物を見ながら**接眼レンズの筒を前後に出し入れ**してピントを合わせる (図 7, 8 参照)

注) 各自視力の違いがあるので必ず自分の目で見てピント合わせをすること．

122　付録-2　測定器の使い方

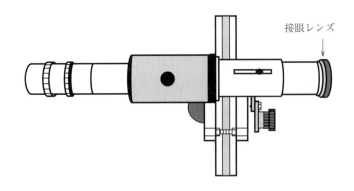

図 7　望遠鏡を横から見た図

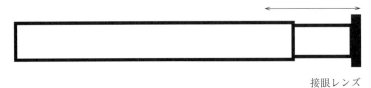

図 8　望遠鏡の筒を横から見た図 (接眼レンズ部を出し入れしてピントを合わせる)

3. ダイヤルを回して望遠鏡を上下 (左右) に動かし，十字線の中心を対象物の目標点に合わせる

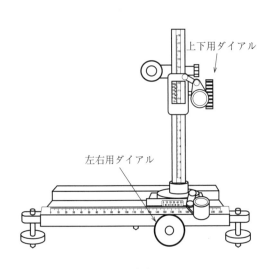

図 9　上下用 (左右用) ダイヤル

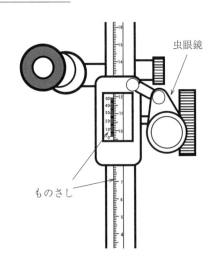

図 10　読取望遠鏡の「ものさし」と「虫眼鏡」　虫眼鏡は自由に動くので見やすい位置まで動かして用いる

4. 付属の「ものさし」の目盛を読み取る

　この「ものさし」は本尺と副尺からなっている．これの読み方は後述の「副尺を使った目盛の読み方」の項を参照のこと．

　また，ものさしの目盛は小さいので，読む際には付属の虫眼鏡 (図 10) を使用するとよい．

3. 副尺を使った目盛の読み方

ここでは，副尺を使用した目盛の読み方の説明をする．

3.1 副尺

通常，目盛線間の読みは目分量に頼るのであるが，この副尺を用いるとその読みを目分量という曖昧なものでは無く正しく読み取ることができる．また，目分量では目盛線の間を 1/10 まで読み取るのが限度であるが，副尺を用いることによって，1/20 あるいは 1/50 まで読み取ることが可能になる．今回用いる読取望遠鏡では 0.5 mm の目盛線間隔を副尺で 1/50 まで読取ることにより 1/100 mm (0.01 mm) の精度で長さを測定できるようになっている．この副尺はノギスにも用いられている．ノギスでは 1/20 mm (0.05 mm) まで読み取れるものが一般的である．ノギスもこの読取望遠鏡も副尺の読み方の基本は同一であるので，ノギスの使い方を知っているものはもうこの副尺も読めるはずである．

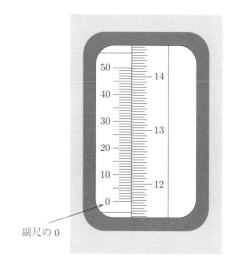

図 11　読取望遠鏡の「ものさし」「副尺の 0」に注目する

3.2 本尺と副尺

副尺とは目盛線間を読むためのものであるから，元となる目盛自体が必要となる．それが本尺である．したがって，副尺は必ず本尺とともに用いられる．本尺は通常の"ものさし"と全く同様のもの

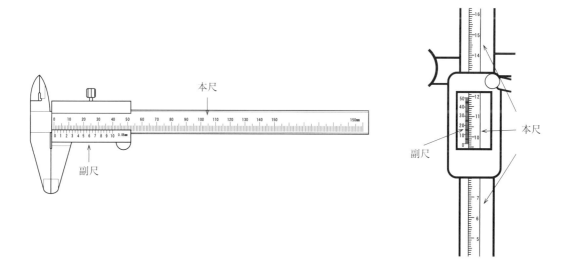

図 12　ノギス (左図) と読取望遠鏡 (右図) の本尺と副尺

である．

図12にノギスと読取望遠鏡の本尺と副尺を示す．副尺は本尺に付随する小さなものさしである．

3.3 副尺を使った目盛を読むための手順

本尺から副尺へと順番に読んでいく．

<u>副尺は"本尺の目盛線間"を読むためのものである</u>．

以下の4つの段階を踏みながら進める．

1. 本尺を読む．
2. 副尺を読む．
3. 副尺の読みを長さに直す．
4. 本尺の値と副尺の値を足す．

以下に，具体的な例 (図13) を使って順番に読み方を説明していく．

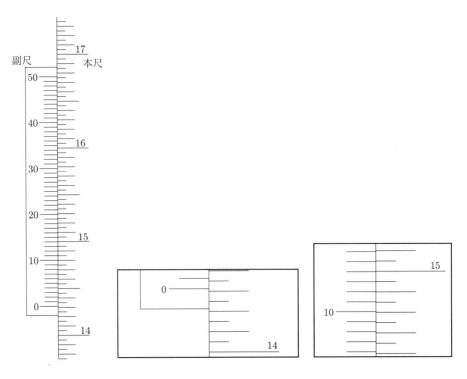

図13 読取望遠鏡のものさしの例　本尺の単位：cm (左図：副尺と本尺，中図：副尺0近辺拡大，右図：副尺読み部拡大)

1. **本尺を読む**

本尺は通常の"ものさし"であるから，そのまま目盛を読めばよい．

<u>副尺の **0** の位置が本尺の目盛のどの間を指しているのか</u>を読むこと．そして，本尺の読みは，<u>その小さい方の値</u>を取る．

3. 副尺を使った目盛の読み方   125

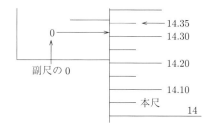

図 14　副尺の 0 近辺の拡大図 (本尺は 0.5 mm ごとに目盛線が付いている)

例

　図 13 の中図を見ると，副尺の 0 は本尺の目盛の 14.30 cm と 14.35 cm の間にある (図 14 も参照．ここで本尺の目盛は cm 単位，目盛線は 0.5 mm (0.05 cm) ごとに付いている事に注意する)．

　この場合，本尺の読みは目盛の小さい方の値 (14.30 cm) を取る．

本尺の読み　14.30 cm

本尺の目盛を読む場合は "**目分量は使わない**" という点に注意する．目盛線と線の間は副尺を使って読むので，目分量を使ってはいけない．

　また，<u>本尺目盛の単位</u>を間違えないようにする．cm，mm，その他．

2. 副尺を読む

目盛線に注目する．

<u>本尺の目盛線</u>と<u>副尺の目盛線</u>が一直線に繋がっている箇所を探す．これは一か所のみである．

その位置での<u>副尺の目盛</u>を読み取る．

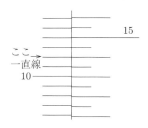

図 15　副尺の一部拡大 (本尺と副尺の目盛線が一直線になる場所を探す)

例

　図 13 の右図を見ると副尺 (左側のものさし) の 12 で目盛線が一直線に繋がっているのがわかる (図 15 の「ここ一直線」)．

副尺の読み　12

126   付録-2   測定器の使い方

3. 副尺の読みを長さに直す (単位を付ける)

副尺の目盛の最大値が 10 までの場合 (多くのノギスの例では 10)

副尺の読みを 1/10 にする.

副尺の目盛の最大値が 10 を越える場合 (読取望遠鏡の例では 50)

副尺の読みを 1/100 にする.

単位は最小目盛間隔の単位と同一である. ノギスや読取望遠鏡では mm (ミリメートル).

> **例**
>
> 今回の例では副尺の目盛が 50 まであるので, 読みを 1/100 にする. 単位は mm である.
>
> **副尺の長さの値   0.12 mm**

注)   副尺は本尺の目盛線の間を読むためのものであるから, 副尺の長さの読みは必ず本尺の目盛線間隔より小さくなることに注意する. 本尺の目盛線間隔が 1 mm なら 1 mm 未満 (ノギスの例), 0.5 mm なら 0.5 mm 未満 (読取望遠鏡の例).

4. 本尺の値と副尺の値を足す

単位を揃えて, 本尺の値と副尺の値を足し算する.

読取の望遠鏡の場合は, 本尺が cm 単位であるのに対して, 3. で出す副尺は mm 単位となるので注意が必要である.

> **例**
>
> 本尺が 14.30 cm で副尺が 0.12 mm であったので, mm 単位で揃えたら
>
> $$143.0 \, \text{mm} + 0.12 \, \text{mm} = 143.12 \, \text{mm}$$
>
> **副尺を使った目盛の読みは 143.12 mm となる.**

以上で最終的な長さが測定できる.

目盛の読み方の手順　まとめ

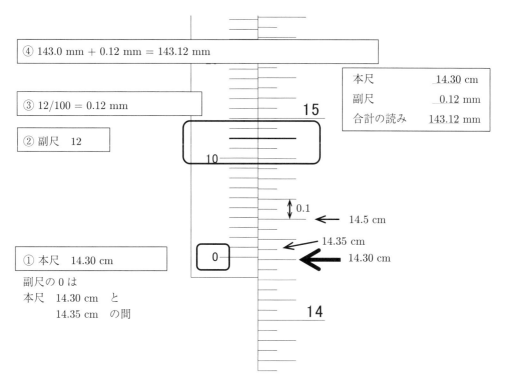

3.4　補足説明

副尺の原理 (なぜ副尺は目盛線間を読めるのか)

1 mm あるいは 0.5 mm 間隔の目盛を持つ本尺と，それよりほんの少し小さい目盛間隔を持つ副尺を組み合わせることによって，その目盛間の"ずれ"から微小な長さを測定できるようになっている．

したがって，副尺の目盛線の間隔は通常のものさしとは違っている．

> **例 1**　0.05 mm (1/20 mm) まで読めるノギスの場合
>
> 　副尺には 19 mm を 20 等分した目盛が打ってある．つまり一目盛で 0.95 mm となる．これを 1 目盛が 1 mm の本尺と重ねると，差が 0.05 mm 生じる．これで 0.05 mm の違いを読み取ることができる．

> **例 2**　0.01 mm (1/100 mm) まで読める読取望遠鏡の場合
>
> 　副尺には 24.5 mm を 50 等分した目盛が打ってある．一目盛で 0.49 mm である．これと 0.5 mm 間隔の本尺と合わせると，差が 0.01 mm 生じる．これで 0.01 mm の違いを読み取ることができる．

読取練習問題 (全て本尺は cm 単位)

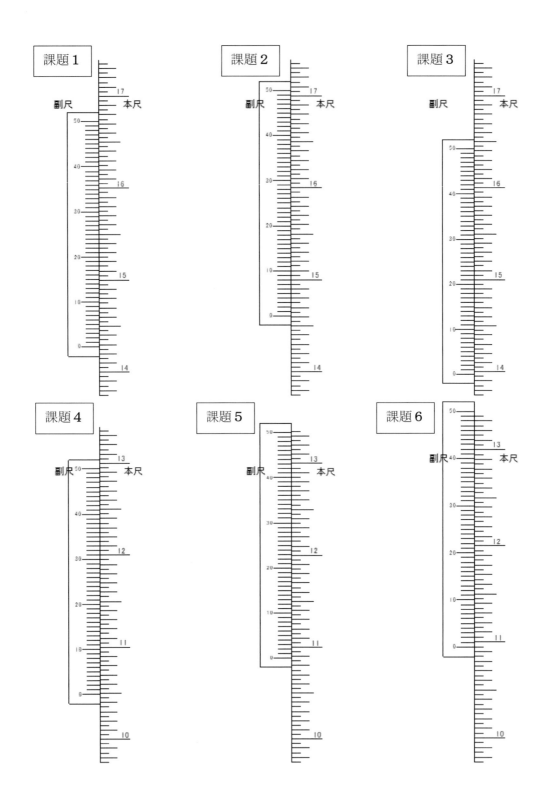

4. マイクロメータの使い方

マイクロメータと呼ばれている測定器は様々な被測定物を測定するために，目的に応じた種々のものが存在している．ここでは学生実験および社会でも一般的に用いられている汎用マイクロメータについて，その使い方について説明する．

本実験で使用する機器は 1/1000 mm の正確さで測定可能となっており，測定器の名前マイクロメータは長さの単位 1/1000 mm = 1μm (1 マイクロメータ) に由来している．

このマイクロメータは主尺 (横軸) と副尺 (回転軸) からなり，精密なネジ機構により 1/1000 mm の測定が可能となっている．

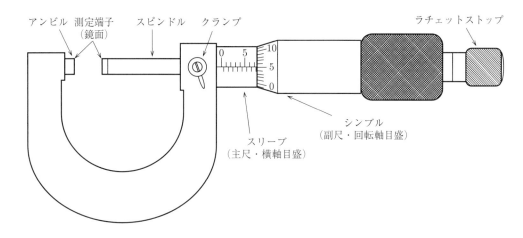

図 16 マイクロメータ

4.1 使 用 法

1. 測定端子 (鏡面) の傷・汚損が無いことを確認しゼロ点補正確認を行う．
2. 被測定物を測定端子に挟み，静かにシンブルを回転させスピンドルを動かす．
3. 被測定物を完全に挟み込む際はラチェットストップにより挟み込む．
   ラチェットストップは一定の力で測定物を挟むことにより誤差を少なくする．
4. スリーブ (主尺：横軸目盛) とシンブル (副尺：回転軸目盛) の目盛を読み取る．

以下，1. から 4. について順番に説明していく．

1. 測定端子 (鏡面) の傷・汚損が無いことを確認しゼロ点補正確認を行う

マイクロメータは 1/1000 mm の測定を行うため測定端子の傷・汚損によっても測定誤差が生じるため測定直前に確認を行う．測定端子の内側は研磨されているため鏡面のように光っている．ここに傷・汚損が無いことを確認する．

万一，汚損などがあった場合はティッシュ，ハンカチなどでは繊維屑が付着する恐れがあるため，精密機器専用の清掃紙 (キムワイプなど) を使用すること．

クランプ (ノブ) を右にスライドさせロックを解除する.

測定端子 (鏡面) 確認後, 何も挟まずにシンブル (回転軸) とラチェットストップにより測定端子を閉じる. この際, スリーブ (主尺：横軸目盛) とシンブル (副尺：回転目盛) が, いずれも「0 ゼロ」を示していることを確認する.

※ このゼロ点がずれていた場合の「ゼロ点補正」は後述する.

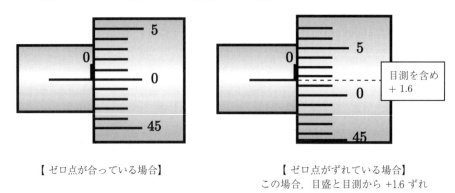

【ゼロ点が合っている場合】　　　【ゼロ点がずれている場合】
この場合, 目盛と目測から +1.6 ずれ

図 17　ゼロ点確認 (ゼロ点補正値確認)
(各目盛の読み取り方法は後述する)

2. 被測定物を測定端子に挟み，シンブルを回転させスピンドルを動かす

被測定物に対しアンビルとスピンドルの隙間を十分に開け，測定端子を傷つけないよう注意しながらシンブル (回転軸) を締めていく.

この際, 最後までシンブルで締める事は絶対にしてはならない.

3. 被測定物を完全に挟み込む際はラチェットストップにより挟み込む

スピンドルが被測定物に接触する前にシンブルの回転軸からラチェットストップへ持ち替え，ラチェットストップつまみで徐々に締めていく. ラチェットストップは一定以上の力が加わると空回りして，被測定物へ余分な力が加わる事を防いでいる. これにより，紙，フィルム，極薄ガラスも精密に測定することが可能となっている.

ラチェットストップにて最後まで締めると指先に止まる感触があるので，さらに軽く締め付けると「カチッ」と音がして，ラチェットストップが空回りする.

この空回りを 2〜3 回「カチッ，カチッ」と繰り返し，目盛の読み取り測定に移る.

注)　ラチェットストップで締める場合も, 何回もカチッ, カチッ… と空回りさせないこと. 弱い力であるが徐々に締め付けられ測定誤差の要因となる.

また, <u>最悪時, 被測定物の破損の要因となる</u>.

4. スリーブ (主尺横軸目盛) とシンブル (副尺：回転軸目盛) の目盛を読み取る

マイクロメータの目盛は, 主尺：横軸目盛と副尺：回転軸目盛から構成されており, その合計値で 1/1000 mm の精密な測定が可能なように設計されている.

具体的には，横軸スリーブ内に精密なネジ機構が内蔵されており，回転軸シンブルが1回転すると測定用スピンドルが 0.5 mm 前後し，測定用スピンドルと連動して回転軸シンブルも 0.5 mm 前後する．このとき横軸スリーブでは 0.5 mm の移動が目盛により読み取れる．(横軸スリーブの目盛は，0.5 mm 間隔で刻印されている)

また，回転軸シンブルには 0-50 の目盛が刻印されており，1目盛が 1/100 mm である．

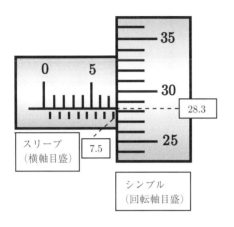

左図において，横軸には 0.5 mm ごとに目盛が刻印されており，読取は 0.5 mm 単位で読み取る．($7.5 < x < 8.0$ mm) を満足している **7.5 mm** が横軸の値 7.5 mm を少し超えている部分は回転軸に表示．

回転軸には横軸の 0.5 mm 間隔を超えた部分が精密表示されている．**回転軸値は 28.3 × 1/100 mm = 0.283 mm**

測定値 (合計) は，**7.783 mm** となる．

図 18　目盛の読み

4.2　スリーブ (横軸)，シンブル (回転軸) の目盛の読み方

① シンブル (回転軸目盛) が 1/100 mm 目盛であることの確認

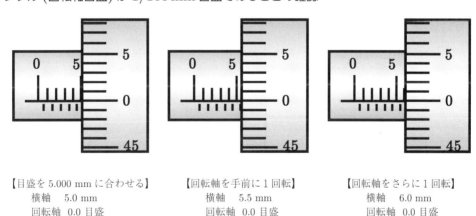

【目盛を 5.000 mm に合わせる】　　【回転軸を手前に1回転】　　【回転軸をさらに1回転】
　横軸　5.0 mm　　　　　　　　　　横軸　5.5 mm　　　　　　　　横軸　6.0 mm
　回転軸　0.0 目盛　　　　　　　　　回転軸　0.0 目盛　　　　　　　回転軸　0.0 目盛

図 19　回転軸の目盛精度の確認　(1/100 mm 目盛)

図 19 において，左図は横軸目盛を 5.0 mm，回転軸目盛を 0.0 に合わせる．

次に中央図のように回転軸を手前に1回転 (スピンドルが開く方向) させると，横軸目盛が 5.5 mm を表示している．(スピンドルが 0.5 mm 開いた)

シンブル (回転軸) は，1回転で 0.5 mm 移動する．

シンブル (回転軸目盛) は，0〜50 目盛である．

さらに1回転させると，横軸目盛が 6.0 mm を表示している．

つまり，シンブル (回転軸) は，1 mm 移動するのに 2 回転．(50 × 2 = 100 目盛)

よって，シンブル (回転軸目盛) は，1/100 mm 目盛である．

4.1 項 1. で確認した「**ゼロ点補正値**」も同様に，+1.6 の「ずれ」を 1/100 mm 換算し，**0.016 mm** の「ずれ」として，実際の測定値から加減して補正する．

2. マイクロメータの具体的な目盛の読み方

例1) スリーブ目盛が 8.0 mm < x < 8.5 mm の場合

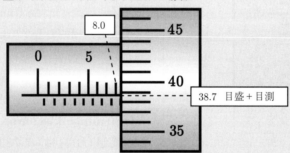

- スリーブ (横軸目盛)： **8.0 mm** (0.5 mm 単位で読み取る)
  注) 8.0 mm を超えている部分は切捨て，超えた部分は回転軸に表示される．
- シンブル (回転軸目盛＋目測)：**38.7 × 1/100 mm = 0.387 mm**
  注) 回転軸目盛は 38 を超えている部分を目測で読み取る．
- 測定値 (合計値)： **8.0 + 0.387 = 8.387 mm**

例2) スリーブ目盛が 8.5 mm < x < 9.0 mm の場合

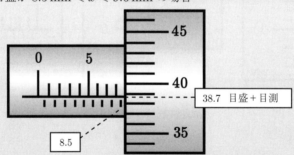

- スリーブ (横軸目盛)： **8.5 mm** (0.5 mm 単位で読み取る)
  注) 8.5 mm を超えている部分は切捨て，超えた部分は回転軸に表示される．
- シンブル (回転軸目盛＋目測)：**38.7 × 1/100 mm = 0.387 mm**
  注) 回転軸目盛は 38 を超えている部分を目測で読み取る．
- 測定値 (合計値)： **8.5 + 0.387 = 8.887 mm**
  注) 横軸の 0.5 mm 目盛を読み落とさないこと．回転軸の目盛が同じ値でも測定値が異なる．

例 3) 回転軸目盛が 0 付近の場合 (間違いやすい例)

　回転軸目盛が 0 付近の場合，横軸目盛が見えてしまう．

　これは，横軸目盛の刻印・印字幅が 5/100 mm 程度あるため，下図の例の場合，9.0 mm に到達していなくても横軸目盛の 9.0 目盛が見えている．

　9.0 mm を超えているか否かの判断は，横軸目盛ではなく，回転軸目盛の 0 の位置により判断する．

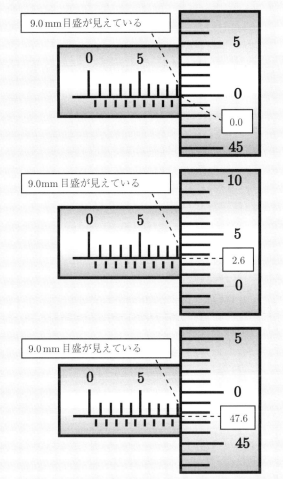

左図の場合は，横軸が 9.0 mm
回転軸目盛が 0.0 であり，
9.000 mm を表示している．

左図の場合は，横軸が 9.0 mm
回転軸の目盛が 2.6 であり，
9.026 mm を表示している．

回転軸目盛が 0 を超えている．

左図が最も誤りやすい例である．
横軸の 9.0 mm 目盛が見えているが回転軸の目盛は，**47.6** と大きく，まだ 9.0 mm には達していない．この場合横軸は **8.5 mm** であり 8.5 mm ＋ (47.6 × 1/100 mm) ＝ **8.976 mm を表示している**．

　注)　横軸目盛線を超えているか否かの判断は，回転軸のゼロ目盛の位置で判断する．

4.3 その他のマイクロメータ目盛

例1) 逆目盛 マイクロメータ (垂直・縦目盛タイプ)

金属のヤング率測定などに使用される.
歪み (金属の伸び) を測定するために, 伸び成分を補正する方向にマイクロメータのヘッドが上下し, スリーブ (縦軸), シンブル (回転軸) とも逆目盛となっている.

スリーブ (縦軸)： 7.0 mm
シンブル (回転軸)： $31.8 \times 1/100$ mm $= 0.318$ mm
測定値 (合計)： 7.318 mm

例2) バーニャ目盛付きマイクロメータ ($1/1000$ mm が正確に読める)

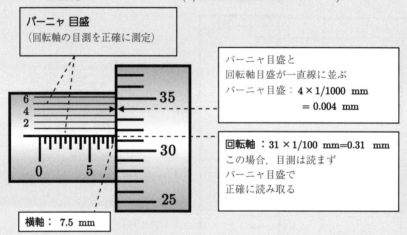

一般的なマイクロメータでは回転軸の $1/100$ mm 目盛 + 目測分 $1/1000$ mm を読むが回転軸の目測部分を正確に読み取るバーニャ目盛が付加されている精密機器もある.

上図の場合, (横軸 7.5 mm) + (回転軸 $31 \times 1/100$ mm $= 0.31$ mm)

+ (バーニャ目盛 $4 \times 1/1000$ mm $= 0.004$ mm)

測定値 (合計) は, **7.814 mm** となる.

読取練習問題

下記の目盛のスリーブ，シンブルを読み取る： 読取精度 1/1000 mm

① 汎用マイクロメータ

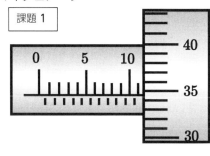
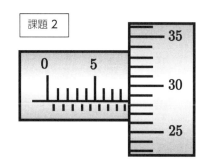

② 逆目盛 マイクロメータ

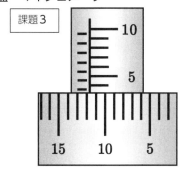
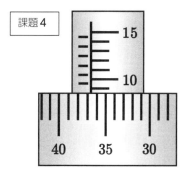

③ バーニャ目盛付き マイクロメータ

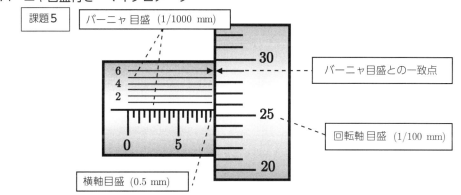

付録-3　データの取り扱いについて

1.　誤差と最小二乗法

1.1　測定と誤差

A．測定

　測定器械を使って，ある物理量と，それの単位となる量とを比較することを測定という．例えば，ものさしで棒の長さを測ることは，棒の長さが単位の長さ (例えば 1 cm) の何個分に相当するかを調べることである．

　単位としては長さに 1 m (昔は地球の子午線の長さが基準であったが (実際にはバルセロナとダンケルク間の長さを測量した)，現在は光の進む速さが基準になっている)，質量に 1 kg (以前はキログラム原器を使用していたが，2019 年以降プランク定数を基準とするものになった)，時間に 1 s (昔は地球の自転が基準であったが，現在は原子時計が基準) を用いる国際単位系 (SI：フランス語 Système international d'unités に由来) が使用される．

1. **直接測定** (direct measurement)

   測るべき量を直接，測定器械と比較して測ること．例えば，長さをものさしで測る，重さをはかりで量るなど．

2. **間接測定** (indirect measurement)

   測るべき量と一定の関係にある他の量を直接測定し，計算によって測るべき量を求めること．

   例えば，長方形の面積は縦と横の長さをそれぞれものさしで直接測定して積を求めて得られる．

　物理実験は物理量の測定が基本である．しかし，その値を完全に正確に測定することは不可能である．

- ● ものさしの目盛を際限なく細かくはできないし，目盛線にも幅がある．そのため，最小目盛以下は目分量で読む必要がある．

- ● ものさしの目盛が正確には等間隔ではなかったり，温度や経年変化でその間隔も変化 (伸縮) したりする．

- ● 測定対象も温度や湿度で変化する．

　技術が進歩し測定機器の性能が向上しても，細心の注意をはらっても完全に正確な測定は不可能である．このことからいえるのは，測定によって真の値 (真値) は得られず，測定によって得られるのは最も確からしい値 (最確値) だけである．

B．誤差

　どんなに正確に測定しても**測定値と真値 (標準値)** には差がある．これを**誤差** (error) とよぶ．特に，測定値と真値の差を**絶対誤差** (absolute error) と呼ぶ．

$$\text{絶対誤差 ＝ 測定値 － 真値}$$

絶対誤差の大小は測定値の正確さ (ずれそのもの) を表すが，測定値の精密さを表すには**相対誤差** (真値に対する測定値のずれの程度) を用いる．

$$相対誤差 = 絶対誤差／真値$$

あるいは，百分率で表した誤差を用いる．

$$百分率誤差 (パーセント) = 相対誤差 \times 100 \%$$

例 1)
絶対誤差が 3 cm の場合，測定対象が 3 m と 3 km では，正確さは同じでも相対誤差は
$$3/(3 \times 10^2) \times 100 = 1\% \quad 3/(3 \times 10^5) \times 100 = 0.001\%$$
になり，3 km を 3 cm の誤差で測定した方が 1000 倍精密である．

測定には誤差がつきものである．そのため，「どのようにすれば誤差を小さくできるか」を考え測定の方法を工夫する．誤差論とは，誤差を含んだ測定値から最も確からしい値 (最確値，most probable value) を求めること，また，そのときの精密さはどの程度かを調べることである．

C. 誤差の種類

理論誤差 $\sin\theta \approx 0$, $(1+n)^n \approx 1+nx$ (ただし $x \gg 1$ の時) のような近似を使っている場合は，近似の度合いを高めることが可能である．

機械誤差 機器の校正 (調節や補正) をして誤差を小さくすることができる．

個人誤差および偏見 実験者の実験技術の未熟さや，実験者個人の癖や思い込みによって生じる．実験者が正しい方法を学び，熟練することで誤差を小さくすることができる．

過失 実験者の不注意によって生じる誤差である．慎重に実験を行うことで回避できる．

偶然誤差 理論誤差・機械誤差・個人誤差および偏見・過失の 4 つ以外の原因によって生じる制御不能な誤差である．一般的には自然法則によって生じる誤差であり，誤差論では単に**誤差**とよぶ．

学生実験は，理論誤差や機械誤差が最小限になるように設計されている．学生実験で生じる誤差 (測定値のバラツキ) の多くは偶然誤差よりも，**個人誤差，偏見，過失**によるものである．このことを念頭に置いて，実験結果に対する考察を進めるとよい．

1.2 誤差 (偶然誤差) の三公理

偶然誤差に関しては，常識的に次の 3 つの性質を仮定することができる．
1. 小さい誤差は大きい誤差よりずっと頻繁に起こる．
2. 多数回の測定では，同じ大きさの負の誤差と正の誤差は等しい確率で起こる．

$$負の誤差が生じる回数 = 正の誤差が生じる回数$$

3. 極端に大きい誤差はほとんど起こらない

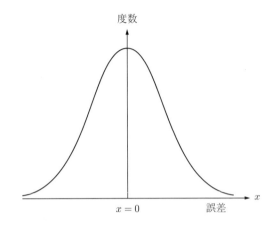

図 1 誤差の頻度 (度数) 分布曲線

これら 3 つの前提を誤差の三公理として認める.

公理であるから証明はできないが, 多数回の測定をして残差の分布を見ると図 1 のようになる. 実際には多数回の測定値の平均 (最確値) からのバラツキを示している.

1. 曲線の頻度の最大値が誤差 0 のところにあり, 左右へ行くにつれ頻度は低くなる.
2. 平均値の軸 ($x = 0$) に対して対称に分布する.
3. $|x|$ (誤差の絶対値) がある値より大きいところでは曲線が x 軸に一致する.

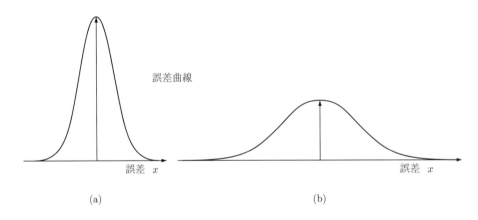

図 2 頻度曲線 (誤差曲線) による信頼度の判定

このような曲線を**頻度曲線**あるいは**誤差曲線**という. 頻度曲線において山が鋭くて高く, 裾が狭いほど測定の信頼度が大きい. すなわち, 頻度曲線の形から測定の信頼度が判定できる (図 2).

1.3 直接測定の平均値 (算術平均の原理)

直接測定の場合には最確値は算術平均によって得られる.

n 回の等しい条件下の測定で, i 回目の測定値を M_i, その誤差を x_i, 真値を X とすれば

$$x_i = M_i - X \qquad (i = 1, 2, 3, \cdots) \tag{1}$$

公理 2. (正負同数) より

$$\lim_{n \to \infty} \sum_{i=1}^{n} x_i = 0 \tag{2}$$

であるから, 式 (1) を式 (2) に代入して

$$\lim_{n \to \infty} \sum_{i=1}^{n} (M_i - X) = 0$$

$$\lim_{n \to \infty} \sum_{i=1}^{n} (M_i - nX) = 0$$

$$X = \lim_{n \to \infty} \left(\frac{\sum_{i=1}^{n} M_i}{n} \right) \tag{3}$$

式 (3) は, 測定回数が多いほど測定値の算術平均値は真値に近づくことを示しているが, 実際の測定回数 n は有限回であるから, 最確値 M_0 は

$$M_0 = \frac{\sum_{i=1}^{N} M_i}{N} \tag{4}$$

で与えられる. N は実際の測定回数.

つまり, 真値 X は有限回の測定からは求められない. つまり, 誤差 x_i も求まらないので残差 v_i を使う.

$$\nu_i = M_i - M_0 = M_i - \frac{\sum_{i=1}^{N} M_i}{N} \tag{5}$$

$$M_i = \nu_i + M_0 \tag{6}$$

であるから, 式 (6) を式 (4) に代入して

$$M_0 = \frac{\sum_{i=1}^{N} M_i}{N} = \frac{\sum_{i=1}^{N} (\nu_i + M_0)}{N} = \frac{\sum_{i=1}^{N} \nu_i + N M_0}{N} = \frac{\sum_{i=1}^{N} \nu_i}{N} + M_0$$

$$\sum_{i=1}^{N} \nu_i = 0 \tag{7}$$

が得られる. つまり, 残差の和も 0 になる.

1.4 重みつき平均 (加重平均)

何人かで測定する場合や, 何回かの測定を行った場合, 人によって (信用できる人, できない人がある), あるいは各回の測定の条件が異なって, それらの測定値の精度が同一でない場合は, 精度の良い測定値を精度の悪い測定値よりも重要視する必要がある. この重要視する価値の程度を**重み**と呼ぶ.

ある回数の測定により, 測定 B は測定精度が悪く, 図 2 (b) のように低い山を有する残差分布を示すのに対して, 測定精度のよい測定 A は図 2 (a) に示されるように高い山を有する残差分布を示している. 測定 A が測定 B のような測定を p 回だけくり返し行った場合の平均値に相当するだけの価値がある場合, 測定 A の重みは p (B を 1 として) であるという. つまり, A の測定 1 回は, B の測定を p 回繰り返し行った場合の平均値に相当する価値がある. (平均を求める個数が多いほど最確値は

真値に近づく．無限個のデータの平均値では真値になる．)

n 回の測定において，i 回目の測定値が M_i，重みが p_i であれば，最確値 M_0 は

$$M_0 = \frac{\sum_{i=1}^{p}(p_i M_i)}{p} \tag{8}$$

となる．このような平均法を**加重平均**と呼ぶ．

1.5 測定精度の表示法

A. 平均二乗誤差 μ

誤差 x の二乗の平均値の平方根

$$\mu = \sqrt{\overline{x^2}} \tag{9}$$

を平均二乗誤差と呼び，測定値の精度を表す．この式は無限回の測定を行った場合であるが，実際の測定は有限回である．n 回の測定を行ったときは

$$\mu = \sqrt{\frac{\sum_{i=1}^{n}(x_i x_i)}{n}} \tag{10}$$

となる．μ は標準偏差 ρ と同じで，$\mu = \rho$ である．

μ は多数回測定した場合に，各々の測定値の一回当たりの精度を示す．算術平均値は各回の測定値より精度が高くなるので，算術平均値の平均二乗誤差 μ_m は

$$\mu_m = \frac{\mu}{\sqrt{n}} \tag{11}$$

となる．(100 回の測定で精度は 10 倍，10 回でも約 3 倍の精度になる)

実際に平均二乗誤差を計算する場合，誤差は求められないので，残差を用いて計算をする．各測定値の平均二乗誤差

$$\mu = \sqrt{\frac{\sum_{i=1}^{n}(v_i v_i)}{n-1}} \tag{12}$$

平均値の平均二乗誤差

$$\mu_m = \sqrt{\frac{\sum_{i=1}^{n}(v_i v_i)}{n(n-1)}} \tag{13}$$

例 2) つぎの測定値の最確値と各測定値の平均二乗誤差および平均値の平均二乗誤差を求めなさい．

表1 各回の測定値と残差

回数	$M_i\,[\mathrm{mm}]$	$\nu_i \times 10^{-2}$	$\nu_i{}^2 \times 10^{-4}$
1	1.43	-4.3	18.49
2	1.42	-5.3	28.09
3	1.53	5.7	32.49
4	1.47	-0.3	0.09
5	1.51	3.7	13.69
6	1.49	1.7	2.89
7	1.44	-3.3	10.89
8	1.46	-1.3	1.69
9	1.50	2.7	7.29
10	1.48	0.7	0.49

$n = 10$　測定回数

$M_0 = 1.473\,\mathrm{mm}$　平均値

$v_i = M_i - M_0$　　残差

$v_1 = 1.43 - 1.473 = -0.043$

$v_2 = 1.42 - 1.473 = -0.053$

$\cdots$　　$\cdots$　　$\cdots\cdots$

$v_{10} = 1.48 - 1.473 = -0.007$

$$\sum = 116.1 \times 10^{-4}\qquad 残差の二乗の総和$$

各測定値の平均二乗誤差は

$$\mu = \sqrt{\frac{\sum_{i=1}^{n}(v_i v_i)}{n-1}} = \sqrt{\frac{116.1 \times 10^{-4}}{10-1}} = \sqrt{12.9} \times 10^{-2} = 0.036$$

平均値の平均二乗誤差は

$$\mu_m = \sqrt{\frac{\sum_{i=1}^{n}(v_i v_i)}{n(n-1)}} = \sqrt{\frac{116.1 \times 10^{-4}}{10(10-1)}} = \sqrt{1.29} \times 10^{-2} = 0.011$$

(解答)

　　測定結果　　$M = 1.473\,\mathrm{mm} \pm 0.011\,\mathrm{mm}$

　　各測定値の平均二乗誤差　　$0.036\,\mathrm{mm}$

　　平均値の平均二乗誤差　　$0.011\,\mathrm{mm}$

　平均値は測定値より有効数字を1桁多く表示し，平均二乗誤差は有効数字2桁で表示するのが一般的である．

1.6 最小二乗法

間接測定で,一次式が適用できる場合について考える.例えば,ばねの伸び l と分銅の質量 w の関係を表す式

$$l = Xw + Y \tag{14}$$

について考える.X と Y は定数であるが,測定が一回だけの時には X と Y を求めることはできない.2回の測定 (w_1, l_1), (w_2, l_2) の場合には,一応 X と Y を決めることはできるが,測定値 w と l は誤差を含むから,こうして求めた X と Y は正しいとはいえず,多数回の測定を繰り返すべきである.数学的には,図3のように前述の式は一次式であるから $n (\geqq 3)$ 個の点 $(w_i, l_i)(i = 1, 2, \cdots, n)$ は**一直線上に並ぶはず**であるが,誤差のためそうはならない.そこで前述の式に,各測定値を代入した n 個の方程式

$$l_i = Xw_i + Y \quad (i = 1, 2, 3, \cdots, n) \tag{15}$$

を考える.これを**観測方程式**と呼ぶ.

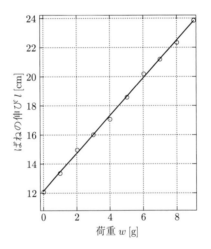

図3 測定値および最も確からしい直線

この式の未知量 X と Y を $n(>2)$ 個の方程式から求めることは数学的には不可能であるが,誤差を含んだ測定値から X と Y の最確値を求めるという考えの下に処理する.このような処理法を**最小二乗法**と呼ぶ.

いま X と Y の最確値を X_0 および Y_0 とし

$$X_0 w_i + Y_0 - l_i = \nu_i \quad (i = 1, 2, 3, \cdots, n) \tag{16}$$

と置けば v_i は一種の残差を表している.v_i は図4で最も確からしい直線 II と測定値との縦軸方向の差である.

ただ単に $\sum_{i=1}^{n} v_i = 0$ (直接測定の最確値の場合には,残差の総和が0になる) を満たすような直線は I や I' のように多数考えられるがこれは良くない.I や I' は,ただ単に v_i の正と負が互いに打ち消し合うように求められたにすぎない.最確値を求める条件としては,測定値と求める直線との距離

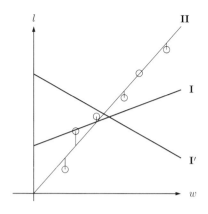

図 4 直線の引き方

の和 (残差の絶対値の和) が最も小さくなるようなものが望ましい. 実際には, 直線の周りに点が均等にばらつくようにする.

これは $\sum_{i=1}^{n}|v_i|=$ 最小, $\sum_{i=1}^{n}(v_iv_i)=$ 最小, が考えられるが, 絶対値記号は扱いに不便であるから後者を取る. つまり, $\sum_{i=1}^{n}(v_iv_i)=$ 最小 (残差二乗和を最小) となるように, X_0 と Y_0 を決めればよい.

そのためには

$$\frac{\partial \sum_{i=1}^{n}(v_iv_i)}{\partial X_0}=0, \qquad \frac{\partial \sum_{i=1}^{n}(v_iv_i)}{\partial Y_0}=0 \tag{17}$$

となる X_0 と Y_0 を求める. この式を正規方程式という. 最も簡単な場合について, つまり未知量が 2 個 ($k=2$) で各未知量と測定値が一次式の関係で表され, かつ n 個の測定値の精度が等しい場合を考える.

観測方程式は

$$a_iX+b_iY=M_i \quad (i=1,2,\cdots,n) \tag{18}$$

であるとする.

これは定数 a_i と b_i の値が各々異なる場合の M_i を測定することによって未知量. X と Y を求める間接測定であって, $n>2$ でなければならない. X_0 と Y_0 を求める最確値とすれば残差は

$$\nu_i=a_iX_0+b_iY_0-M_i \quad (i=1,2,\cdots,n) \tag{19}$$

であり, 各精度は等しい (重みは等しい) から, 最小二乗の条件は $\sum_{i=1}^{n}(v_iv_i)=$ 最小であり, すなわち式 (17) が成り立つ.

$$\frac{\partial \sum_{i=1}^{n}(v_iv_i)}{\partial X_0}=0, \qquad \frac{\partial \sum_{i=1}^{n}(v_iv_i)}{\partial Y_0}=0 \tag{17}$$

この条件を計算すると

$$\frac{\partial \sum_{i=1}^{n}(v_iv_i)}{\partial X_0}=\frac{\partial}{\partial X_0}\sum_{i=1}^{n}(a_iX_0+b_iY_0-M_i)^2=\sum_{i=1}^{n}2a_i(a_iX_0+b_iY_0-M_i)$$

144　付録-3　データの取り扱いについて

$$= 2\left\{\sum_{i=1}^n (a_i a_i)X_0 + \sum_{i=1}^n (a_i b_i)Y_0 - \sum_{i=1}^n (a_i M_i)\right\} = 0$$

同様に

$$\frac{\partial \sum_{i=1}^n (v_i v_i)}{\partial Y_0} = 2\left\{\sum_{i=1}^n (a_i b_i)X_0 + \sum_{i=1}^n (b_i b_i)Y_0 - \sum_{i=1}^n (b_i M_i)\right\} = 0$$

が求まる．したがって，正規方程式は

$$2\left\{\sum_{i=1}^n (a_i a_i)X_0 + \sum_{i=1}^n (a_i b_i)Y_0 - \sum_{i=1}^n (a_i M_i)\right\} = 0 \tag{20}$$

$$2\left\{\sum_{i=1}^n (a_i b_i)X_0 + \sum_{i=1}^n (b_i b_i)Y_0 - \sum_{i=1}^n (b_i M_i)\right\} = 0 \tag{21}$$

となる．

2 個の未知量に対して，2 個の方程式があるから未知量，X_0 と Y_0 が求まる．ただし

$$D = \begin{vmatrix} \sum_{i=1}^n (a_i a_i) & \sum_{i=1}^n (a_i b_i) \\ \sum_{i=1}^n (a_i b_i) & \sum_{i=1}^n (b_i b_i) \end{vmatrix}$$

$$= \sum_{i=1}^n (a_i a_i)\sum_{i=1}^n (b_i b_i) - \left\{\sum_{i=1}^n (a_i b_i)\right\}^2 \neq 0 \tag{22}$$

の必要がある．正規方程式から X_0 と Y_0 を求めると

$$X_0 = \frac{\sum_{i=1}^n (b_i b_i)\sum_{i=1}^n (a_i M_i) - \sum_{i=1}^n (a_i M_i)\sum_{i=1}^n (b_i M_i)}{\sum_{i=1}^n (a_i a_i)\sum_{i=1}^n (b_i b_i) - \left\{\sum_{i=1}^n (a_i b_i)\right\}^2} \tag{23}$$

$$Y_0 = \frac{\sum_{i=1}^n (a_i a_i)\sum_{i=1}^n (b_i M_i) - \sum_{i=1}^n (a_i b_i)\sum_{i=1}^n (a_i M_i)}{\sum_{i=1}^n (a_i a_i)\sum_{i=1}^n (b_i b_i) - \left\{\sum_{i=1}^n (a_i b_i)\right\}^2} \tag{24}$$

実際の測定値を用いて計算する場合には，表 2 に示すようにして，数値を整理する．

表 2　最小二乗法でデータを処理する場合に作る表の例

	a_i	b_i	M_i	$a_i a_i$	$b_i b_i$	$a_i M_i$	$b_i M_i$	$a_i b_i$
1	a_1	b_1	M_1	$a_1 a_1$	$b_1 b_1$	$a_1 M_1$	$b_1 M_1$	$a_1 b_1$
2	a_2	b_2	M_2	$a_2 a_2$	$b_2 b_2$	$a_2 M_2$	$b_2 M_2$	$a_2 b_2$
…	…	…	…	…	…	…	…	…
…	…	…	…	…	…	…	…	…
…	…	…	…	…	…	…	…	…
n	a_n	b_n	M_n	$a_n a_n$	$b_n b_n$	$a_n M_n$	$b_n M_n$	$a_n b_n$
和	$\sum_{i=1}^n a_i$	$\sum_{i=1}^n b_i$	$\sum_{i=1}^n M_i$	$\sum_{i=1}^n (a_i a_i)$	$\sum_{i=1}^n (b_i b_i)$	$\sum_{i=1}^n (a_i M_i)$	$\sum_{i=1}^n (b_i M_i)$	$\sum_{i=1}^n (a_i b_i)$

2. 計 算

2.1 有効数字

物理計算に表れる数値は，大概，実験誤差を伴った測定値であり，数字どおりの正確な数値を表していない．つまり，測定器械で目盛を読み取るときには，目盛の端数は最小目盛の 1/10 刻みを目測で読み取っている．

例えば，1 cm 間隔の目盛のものさしで長さ L を測った場合，$L = 24.3$ cm であれば，

$$24.2 \leqq L \leqq 24.4$$

の意味を持つ．このとき，L の誤差は最小目盛の 1/10 程度，すなわち 0.1 cm 程度であり，この程度で測定値が疑わしいことを意味する．

この測定値の四捨五入前の 4 桁目の数字を色々と考えるのは無意味である．信頼できるのは 24.3 の 3 桁だけである．この 3 桁を有効数字 (significant figures) といい，この数字の場合は有効数字 3 桁と表現する．

$$L_1 = 24.30 \,\text{cm} \qquad 24.29 \leqq L_1 \leqq 24.31$$

と

$$L_2 = 24.3 \,\text{cm} \qquad 24.2 \leqq L_2 \leqq 24.4$$

の場合では，L_1 と L_2 は数学的には全く同一であるが，物理学的には価値が異なる．

L_1 は最小目盛 0.1 cm のものさしで 1/100 cm (1/10 mm) まで測定をしたもので，有効数字は 4 桁であり，L_2 は最小目盛 1 cm のものさしで 1/10 cm (1 mm) まで測定をしたもので，有効数字は 3 桁である．

相対誤差で考えれば

$$L_1 : 0.01/24.30 \fallingdotseq 1/2000$$

$$L_2 : 0.1/24.3 \fallingdotseq 1/200$$

となり，L_1 は L_2 の 10 倍の精度がある．

有効数字と位取りは無関係であり，例えば，24.3，243，0.00243 は，全て有効数字は同じで 3 桁である．24.3 cm を，単位を変えて書く場合も，243000 μm と書くのは間違いで $2.43 \times 10^5 \,\mu$m と書くのが正しい．

計算を行う場合は，最も精度の悪い (有効数字の桁数の小さい) 測定値によって計算結果の精度が制限されるので，互いの有効数字の桁数が同じになるようにする．例えば，有効数字 3 桁の数 × 有効数字 5 桁の数 = 有効数字 3 桁 になる．また，足し算，引き算の場合は小数点の位置をそろえる．

2.2 算術平均の方法

多数個の算術平均全体の平均に近い仮定平均値を定める．各測定値 M_i と仮定平均値 N との差 v_i を求める．そして，差 v_i の算術平均を仮定平均値 N に足す．これを式で書くと

$$\overline{M} = \frac{\sum_{i=1}^{n} M_i}{n} = \frac{\sum_{i=1}^{n}(N+\nu_i)}{n} = N + \frac{\sum_{i=1}^{n} \nu_i}{n} \tag{25}$$

である.

例 3)
測定値 M_i ;   80.1, 80.5, 81.3, 82.1, 80.9, 83.0
仮定平均値を $N = 80.0$ とおく
$v_i = M_i - N$; 0.1, 0.5, 1.3, 2.1, 0.9, 3.0

$$\frac{\sum_{i=1}^{n} \nu_i}{n} = \frac{7.9}{6} = 1.32$$

平均値 $\overline{M} = 80.0 + 1.32 = 81.32$
多数回の平均値では,測定値よりもう一桁多く表すことが多い.

周期的な量の平均値   例えば,方眼紙 (一般に,印刷によって作られている目盛は,印刷時のズレや紙の伸び縮みのために等間隔ではない) 目盛間隔の平均値を求める場合,目盛の位置 $(x_1, x_2, x_3, \cdots, x_n)$ を順に測定し,各値の差 $(x_2-x_1, x_3-x_2, \cdots, x_n-x_{n-1})$ を計算して,総和を求めると $(x_2-x_1) + (x_3-x_2) + (x_4-x_3) + \cdots + (x_n-x_{n-1}) = x_n - x_1$ となり,中間の $(x_2, x_3, x_4, \cdots, x_{n-1})$ は利用されず,両端の値 (x_1, x_n) だけで計算することになる.

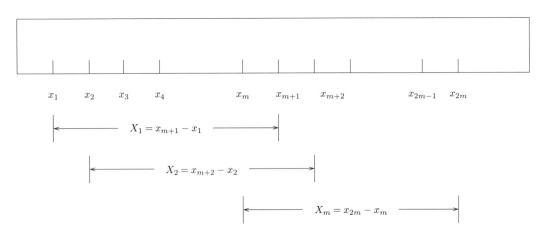

図 5   周期的な量の算術平均

この場合は, $n = 2m$ になる m 個をまとめて処理をする (偶数個測定をし,その半分の個をまとめて処理をする). つまり $X_1 = (x_{m+1} - x_1)$, $X_2 = (x_{m+2} - x_2)$, $X_3 = (x_{m+3} - x_3)$, $\cdots$, $X_m = (x_{m+m} - x_m)$ を求め,その和 $X = X_1 + X_2 + \cdots + X_m = \sum_{i=1}^{m}(x_{m+i} - x_i) = (x_{m+1} - x1) + (x_{m+2} - x_2) + \cdots + (x_{m+m} - x_m)$ を計算する. そうすると間隔 m 個分の平均は X/m になるから,目盛の平均間隔は

$$\text{目盛の平均間隔} = \frac{\text{間隔 } m \text{ 個分の平均 } (X/m)}{m} = \frac{\sum_{i=1}^{m}(x_{m+i} - x_i)}{m^2}$$

となる．実際に計算するときは，次に示すような表を作るとわかりやすい．

表3 周期的な量を計算する際に便利な表

A_i	B_i	$B_i - A_i$
x_1	x_{m+1}	$x_{m+1} - x_1$
x_2	x_{m+2}	$x_{m+2} - x_2$
...	...	...
...	...	...
x_m	x_{m+m}	$x_{m+m} - x_m$
		$\sum(B_i - A_i)$

$$\text{平均} = \frac{\overline{B_i - A_i}}{m} = \frac{\sum_{i=1}^{m}(B_i - A_i)/m}{m} = \frac{\sum_{i=1}^{m}(B_i - A_i)}{m^2}$$

2.3 補 間 法

一次補間法 (比例内挿法) 三角関数表や物理定数表で，表にない中間の値が欲しいときには補間法を用いる．次の表 4 は水の温度と密度の関係を表している．

表4 水の温度と密度の関係

温度 °C	密度 g/cm^3
11	0.99960
12	0.99950
13	0.99938
14	0.99924
15	0.99910

中間の値を求める方法を補間法 (内挿法) といい，例えば上の表 4 で 12.5 °C の水の密度を知りたい場合に用いる．また，範囲外の値を求める方法を補外法 (外挿法) と呼び，例えば上の表 4 で 15.5 °C の水の密度を知りたい場合に使う．

図 6 に示すように，$y = f(x)$ が滑らかで，かつ x_i の間隔が十分狭い場合には，$x_i \leqq x_k \leqq x_{i+1}$ の範囲で曲線 $y = f(x)$ は直線 L で近似できるので，中間値 x_k に対する y_k の値は，

$$y_k = y_i + \frac{y_{i+1} - y_i}{x_{i+1} - x_i}(x_k - x_i) \tag{26}$$

で求まる．ここで $\dfrac{y_{i+1} - y_i}{x_{i+1} - x_i}$ は直線 L の勾配である．

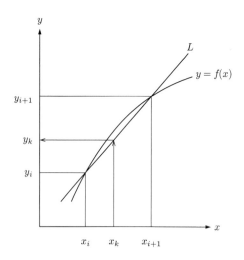

図 6　一次補間法 (比例内挿法)

例 4)　式 (26) を水温と密度のデータに適用し，12.5 ℃ の場合の密度を求めてみよう．
$$\rho_{12.5} = 0.99950 + \frac{0.99938 - 0.99950}{13.0 - 12.0} \times (12.5 - 12.0) = 0.99944\,\mathrm{g/cm^3}$$

3. 実験曲線と実験式

3.1 測定値の表示

表式表示　わかりやすい表を作る．

表 5　一次式が適用できる場合の表の例

M	l	mm	ml
m_1	l_1	$m_1 m_1$	$m_1 l_1$
m_2	l_2	$m_2 m_2$	$m_2 l_2$
$\cdots$	$\cdots$	$\cdots$	$\cdots$
$\cdots$	$\cdots$	$\cdots$	$\cdots$
$\cdots$	$\cdots$	$\cdots$	$\cdots$
$\sum_{i=1}^{n} m_i$　$\left(\sum_{i=1}^{n} m_i\right)^2$	$\sum_{i=1}^{n} l_i$	$\sum_{i=1}^{n} (m_i m_i)$	$\sum_{i=1}^{n} (m_i l_i)$

図式表示　測定値をグラフ用紙にプロットし，滑らかに適合するように実験曲線を描く．

解析的表示 最小二乗法を用いて実験式を求める.
$$l = am + b \tag{27}$$

$$a = \frac{n\sum_{i=1}^{n}(m_i l_i) - \sum_{i=1}^{n}m_i \sum_{i=1}^{n}l_i}{n\sum_{i=1}^{n}(m_i m_i) - \left(\sum_{i=1}^{n}m_i\right)^2},$$

$$b = \frac{\sum_{i=1}^{n}l_i \sum_{i=1}^{n}(m_i m_i) - \sum_{i=1}^{n}m_i \sum_{i=1}^{n}(m_i l_i)}{n\sum_{i=1}^{n}(m_i m_i) - \left(\sum_{i=1}^{n}m_i\right)^2} \tag{28}$$

3.2 実験曲線の描き方 (グラフの描き方)

目盛の取り方 グラフ用紙全面を使い, 曲線 (直線) を描いたときに, その勾配がほぼ 45 度になるように調整をする. 軸の一目盛が, 測定値の有効数字の最後の一桁の 1 になるように選ぶとよい.

測定値の記し方 1/10 mm が区別できるくらいの小さな点を打ち, その周りを直径 1 mm 位の小円 (○) で囲む. 測定値を区別する必要があるときは, 小円以外の形で区別する. ◎, ◇, △, など.

曲線の描き方 直線または曲線から測定値までの距離の二乗の総和を最小にするように滑らかな線を引く. 自在定規や雲形定規を使う. たんに点と点を結ぶようなことはしてはいけない.

仕上げ 横軸, 縦軸の名称や, グラフの名前を書いて仕上げる.

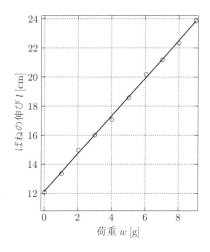

図 7 荷重とばねの伸びの関係 (実験曲線の描き方)

3.3 グラフの直線化

2 量 x, y の関係 $y = f(x)$ が一次式でない場合, x, y をそのまま両軸にとって拙い実験曲線を描くより, 変数変換して $Y = AX + B$ のような一次式に直した上で, 新変数 X, Y を両軸に選んで, 方眼紙上に変換された測定値の点 (X, Y) を記入し, 適合する直線のグラフを描く方がよい.

放物線 $y = a + cx^2$

$x^2 = X$ と置けば, $y = a + cX$ となり一次式になるので, X と y を両軸に取る. x^2 の代わりに

x^m でも同じである (m は簡単な既知数).

直角双曲線　　$y = \dfrac{a}{x} + b$

$X = \dfrac{1}{x}$ と置けば，$y = aX + b$ となる．前式で $m = -1$ の場合に相当する．

定指数式　　$y = ax^b$

$b > 0$ の場合を放物線型，$b < 0$ の場合を双曲線型と呼ぶ．

この場合は両辺の対数を取る．

$$\log y = \log a + b \log x$$

$$\log y = Y; \log a = A; \log x = X$$

と置けば，

$$Y = A + bX$$

となり一次式になる．ここで $\log a = A$ は Y 軸の切片であり，b は直線の傾きである．関数電卓を用いて x と y の対数 ($\log x, \log y$) を求めて，普通方眼紙上にプロットすればよいが，両対数方眼紙を用いて x と y の値をそのままプロットすれば，対数表を引く必要がなくなる．両対数方眼紙とは縦軸も横軸も対数目盛で目盛った方眼紙である．

対数目盛　　対数目盛とは，図8に示すように，基点から $\log x$ の (またはそれに比例した) 距離に x と目盛った関数目盛である．$X = \log x = 0$ ($x = 1$)，すなわち目盛1の点を基準として目盛ってあると考えてよく，目盛0は存在しない．

図 8　対数目盛

表 6　対数表

x	$X = \log x$
1	0
2	0.301
3	0.477
4	0.602
10	1.000
20	1.301
30	1.477
100	2.000
300	2.477

変指数式 $y = ce^{kx}$

指数関数であり，$c > 0$ の場合，$k > 0$ であれば増加関数，$k < 0$ であれば減少関数になり，両辺の自然対数を取ると

$$\log_e y = \log_e c + kx$$

となって簡単になるが，普通は常用対数を用いるから

$$\log_{10} y = \log_{10} c + (k \log_{10} e)x$$

となる．

$$\log_{10} y = Y, \log_{10} c = A, (k \log_{10} e) = 0.4343k = B$$

と置けば

$$Y = A + Bx$$

となって，一次式になる．普通方眼紙上で横軸に x，縦軸を Y として $\log_{10} y$ をとってプロットすればよいが，**片対数方眼紙**を用いれば対数表を引く必要はない．

3.4 実験式の求め方

x の値を種々変化させて測定値 y を得たとき，両者の間の関数関係 ($y = f(x)$) が理論的に知られている場合には，理論式との一致の程度を調べたり，物理定数を求めたりするのに，関数 $f(x) = a + bx + cx2 + \cdots$ の中に含まれる定数 $(a, b, c, \cdots)$ を決定することが必要である．

定数決定法

- 図解法：図上で定数を読み取る．
- 選点法：直線上では 2 点，曲線上では必要な個数の点を選び，その座標を読み取って式に代入して定数を定める．
- 中間法：測定値を 2 群 (または必要な個数の群) に分け，残差の和をそれぞれの群の中で 0 にするように 2 個 (または，必要な個数) の定数を定める．
- 最小二乗法；残差の二乗和が最小になるように定数を定める．

一次式 $y = ax + b$

一次式の場合について，実際の測定値を用いた中開法と最小二乗法による処理法を次に示す．測定値として，熱電対の温度と熱起電力の関係を用いる．

表 7 熱電対の温度と熱起電力の関係

温度 T_i [℃]	熱起電力 V_i [mV]
50.0	1.90
75.0	3.05
100.0	4.10
156.5	6.38
290.0	11.72

152　付録-3　データの取り扱いについて

式は

$$V = aT + b \tag{29}$$

となり，各々の測定値を V_i, T_i とすれば，残差は

$$\nu_i = V_i - (aT_i + b) \tag{30}$$

である．

A.　中間法

各測定値を式に代入して，2 群に分ければ

$$1.90 - b - 50.0a = v_1 \qquad 6.38 - b - 156.5a = v_4$$
$$3.05 - b - 75.0a = v_2 \qquad 11.72 - b - 290.0a = v_5$$
$$4.10 - b - 100.0a = v_3$$

となるので $v_1 + v_2 + v_3 = 0$, $v_4 + v_5 = 0$ とすれば

$$9.05 - 3b - 225.0a = 0 \tag{31}$$

$$18.10 - 2b - 446.5a = 0 \tag{32}$$

である．

$$式 (31) \times 2 とすれば \quad 18.10 - 6b - 450.0a = 0 \tag{33}$$

$$式 (32) \times 3 とすれば \quad 54.30 - 6b - 1339.5a = 0 \tag{34}$$

であるので式 (34)− 式 (33) を計算すれば $36.20 - 889.5a = 0$ である．

これより

$$a = \frac{36.20}{889.5} = 0.0407 \tag{35}$$

であるから式 (35) を式 (31) に代入すれば

$$9.05 - 3b - 225.0 \times 0.0407 = 0$$

$$9.05 - 9.16 = 3b$$

$$b = -0.11/3 = -0.0367$$

となり，実験式は

$$V = 0.0407T - 0.0367$$

である．

B.　最小二乗法

観測方程式と残差 ν_i は，式 (29) と式 (30) より

$$V = aT + b \tag{29}$$

$$\nu_i = V_i - (aT_i + b) \tag{30}$$

である．ここで，$\sum_{i=1}^{n}(v_i v_i) = $ 最小にすればよいのであるから，

$$\sum_{i=1}^{n} (v_i v_i) = \sum_{i=1}^{n} (V_i - aT_i - b)^2 \tag{36}$$

であり，この式を a と b で微分すれば，正規方程式が求まる．

$$\frac{\partial \sum_{i=1}^{n}(v_i v_i)}{\partial a} = \frac{\partial}{\partial a} \sum_{i=1}^{n} (V_i - aT_i - b)^2 = \sum_{i=1}^{n} (-2T_i(V_i - aT_i - b)) = 0 \tag{37}$$

$$\frac{\partial \sum_{i=1}^{n}(v_i v_i)}{\partial b} = \frac{\partial}{\partial b} \sum_{i=1}^{n} (V_i - aT_i - b)^2 = \sum_{i=1}^{n} (-2(V_i - aT_i - b)) = 0 \tag{38}$$

上の2つの式より

$$\sum_{i=1}^{n} (T_i V_i) - a \sum_{i=1}^{n} (T_i T_i) - b \sum_{i=1}^{n} T_i = 0 \tag{39}$$

$$\sum_{i=1}^{n} V_i - a \sum_{i=1}^{n} T_i - nb = 0 \tag{40}$$

を得る．この式より

$$a = \frac{n \sum_{i=1}^{n} (T_i V_i) - \sum_{i=1}^{n} V_i \sum_{i=1}^{n} T_i}{n \sum_{i=1}^{n} (T_i T_i) - \left(\sum_{i=1}^{n} T_i\right)^2} \tag{41}$$

$$b = \frac{-\sum_{i=1}^{n} T_i \sum_{i=1}^{n} (T_i V_i) + \sum_{i=1}^{n} V_i \sum_{i=1}^{n} (T_i T_i)}{n \sum_{i=1}^{n} (T_i T_i) - \left(\sum_{i=1}^{n} T_i\right)^2} \tag{42}$$

となる．

計算しやすいように以下のような表を作る．

表 8　表 7 に最小二乗法に必要なデータを加えた表 $(n = 5)$

T_i	V_i	$T_i{}^2$	$T_i V_i$
50.0	1.90	2500.00	95.00
75.0	3.05	5625.00	228.75
100.0	4.10	10000.00	410.00
156.5	6.38	24492.25	998.47
290.0	11.72	84100.00	3398.80
$\sum_{i=1}^{n} T_i = 671.5$ $\left(\sum_{i=1}^{n} T_i\right)^2 = 450912.25$	$\sum_{i=1}^{n} V_i = 27.15$	$\sum_{i=1}^{n} (T_i T_i) = 126717.25$	$\sum_{i=1}^{n} (T_i V_i) = 5131.02$

式 (41)，式 (42) を使って，

$$a = \frac{(5 \times 5131.02) - (27.15 \times 671.5)}{(5 \times 126717.25) - (450912.25)} = \frac{7423.875}{182674} = 0.04064$$

$$b = \frac{-(671.5 \times 5131.02) - (27.15 \times 126717.25)}{(5 \times 126717.25) - (450912.25)} = \frac{-5106.5925}{182674} = -0.02795$$

したがって，実験式は

$$V = 0.0406T - 0.0280$$

と求まる．

定指数式　$y = axb$

変指数式　$y = ce^{kx}$

変指数式，変指数式共に，直線化の方法により一次式に変換してから，先に述べた方法で定数を決定すればよい．

二次式　$y = a + bx + cx^2$

最小二乗法を適用できるが，式はかなり複雑になる．しかし，系統的に実行する方法が確立している．

物理定数表

目次

・国際単位系 (SI)	156
・物理定数	
物理定数	159
単位の換算	160
金属材料の話	161
水に関する値	162
水の密度 / 水の粘性係数 / 水の定圧比熱容量 / 水の表面張力	162
熱学に関する値	163
比熱 / 融点・融解熱, 沸点・蒸発熱	163
水の沸点 / 熱伝導率	164
固体の線膨張係数	165
元素の線膨張係数 / タングステンの特性表	166
銅−コンスタンタン熱電対の熱起電力	167
力学に関する値	168
弾性の定数 / 引張り強さ / グリセリンの粘性係数 / グリセリンの比重	168
重力加速度 / 太陽, 惑星および月定数表	169
物質の密度	170
音に関する値	171
種々の気体中における音速 / 空気中の音の速度	171
液体中の音速 / 固体中の音速	172
光に関する値	173
主要なスペクトル線 / 電磁波のスペクトル	173
屈折率	174
半導体の特性量	175
三角関数真数表	176
ギリシア文字の名称と読み方 (英語式)	177
元素の周期表	178

国際単位系(SI)

① 7つの基本単位

表1 SI 基本単位

基本量	単位	読み方
長さ	m	メートル
質量	kg	キログラム
時間	s	セカンド(秒)
電流	A	アンペア
熱力学温度	K	ケルビン
物質量	mol	モル
光度	cd	カンデラ

② 組立単位

基本単位の乗除で表す.

表2 SI 組立単位の例

量	単位
面積	m^2
密度	kg / m^3
速度	m / s
加速度	m / s^2

独自の単位記号のある組立単位.

表3 独自の単位記号のある組立単位の例

量	単位	読み方	別の表し方	基本単位
力	N	ニュートン		$kg \, m / s^2$
圧力	Pa	パスカル	N / m^2	$kg / (m \, s^2)$
エネルギー	J	ジュール	$N \, m$	$kg \, m^2 / s^2$
電力	W	ワット	J / s	$kg \, m^2 / s^3$
電圧	V	ボルト	W / A	$kg \, m^2 / (s^3 A)$
抵抗	Ω	オーム	V / A	$kg \, m^2 / (s^3 A^2)$

③ 接頭語

10 の累乗倍を表すもので，単位の前に 1 つだけ付けることができる.

表 4　主な接頭語

記号	累乗	読み方
f	10^{-15}	フェムト
p	10^{-12}	ピコ
n	10^{-9}	ナノ
μ	10^{-6}	マイクロ
m	10^{-3}	ミリ
c	10^{-2}	センチ
d	10^{-1}	デシ
h	10^{2}	ヘクト
k	10^{3}	キロ
M	10^{6}	メガ
G	10^{9}	ギガ
T	10^{12}	テラ
P	10^{15}	ペタ

④ 国際単位系 (**SI**) ではないが使われることのある単位

表 5　国際単位系(SI)以外の単位の例

量	記号	読み方	国際単位系 (SI)との関係
熱量(エネルギー)	cal	カロリー	$1\ \text{cal} = 4.184\ \text{J}$
加速度	Gal	ガル	$1\ \text{Gal} = 1\ \text{cm/s}^2 = 10^{-2}\ \text{m/s}^2$
体積	L	リットル	$1\ \text{L} = (1\ \text{dm})^3 = 10^3\ \text{cm}^3 = 10^{-3}\ \text{m}^3$
面積	a	アール	$1\ \text{a} = (10\ \text{m})^2 = 100\ \text{m}^2$

⑤ 単位を含む計算例

最終的に国際単位系 (SI) にして答えを出す.

例　応力の計算

応力の計算式　$\dfrac{F}{s} = \dfrac{Mg}{\pi(d/2)^2}$

$M = 1.00$ kg,　$g = 9.80$ m/s²,　$d = 0.699$ mm なら
それぞれの値を国際単位系 (SI)に直して,

$$\frac{F}{s} = \frac{Mg}{\pi(d/2)^2} = \frac{1.00 \text{ kg} \times 9.80 \text{ m/s}^2}{\pi \times \left(\dfrac{0.699 \text{ mm}}{2}\right)^2} = \frac{9.80 \text{ kg·m/s}^2}{\pi \times \left(\dfrac{0.699 \times 10^{-3} \text{ m}}{2}\right)^2}$$

$$= \frac{9.80 \text{ kg·m/s}^2}{\pi \times \left(\dfrac{0.699}{2}\right)^2 \times 10^{-6} \text{ m}^2} = \frac{9.80}{\pi \times \left(\dfrac{0.699}{2}\right)^2} \times 10^6 \ \frac{\text{kg·m/s}^2}{\text{m}^2} = 25.3 \times 10^6 \ \frac{\text{N}}{\text{m}^2}$$

というように，応力の値を国際単位系 (SI) である[N/m²]で求めることができる.

物　理　定　数

名　称	数　値　と　単　位		記　号
アボガドロ数[*1]	$6.022\ 140\ 76 \times 10^{23}$	$1\ /\ \mathrm{mol}$	N_A
ボルツマン定数[*1]	$1.380\ 649 \times 10^{-23}$	$\mathrm{J}\ /\ \mathrm{K}$	k
	8.62×10^{-5}	$\mathrm{eV}\ /\ \mathrm{K}$	
1 モルの気体定数	8.31	$\mathrm{J}\ /\ (\mathrm{mol \cdot K})$	R
	1.99	$\mathrm{cal}\ /\ (\mathrm{mol \cdot K})$	
標準状態での気体の 1 モルの容積	2.24×10^{-2}	$\mathrm{m}^3\ /\ \mathrm{mol}$	
プランク定数[*1]	$6.626\ 070\ 15 \times 10^{-34}$	$\mathrm{J \cdot s}$	h
プランク定数$/2\pi$	1.055×10^{-34}	$\mathrm{J \cdot s}$	$\hbar$
	6.58×10^{-16}	$\mathrm{eV \cdot s}$	
真空中の光速[*1]	$2.997\ 924\ 58 \times 10^{8}$	$\mathrm{m}\ /\ \mathrm{s}$	c
素電荷[*1]	$1.602\ 176\ 634 \times 10^{-19}$	C	e
	4.80×10^{-10}	esu	
ボーア半径	5.29×10^{-11}	m	a_0
電子の静止質量	9.11×10^{-31}	kg	m_e
	0.511	MeV	
陽子の静止質量	1.67×10^{-27}	kg	m_p
	938	MeV	
ボーア磁子　　$e\hbar\ /\ 2m_\mathrm{e}$	9.274×10^{-24}	$\mathrm{J}\ /\ \mathrm{T}$	μ_B
核磁子　　　　$e\hbar\ /\ 2m_\mathrm{p}$	5.050×10^{-27}	$\mathrm{J}\ /\ \mathrm{T}$	μ_N
重力加速度(標準値)	9.80665	$\mathrm{m}\ /\ \mathrm{s}^2$	g
万有引力定数[*2]	$6.674\ 30\ (15) \times 10^{-11}$	$\mathrm{N \cdot m}^2\ /\ \mathrm{kg}^2$	G

[*1] 定義定数(値は"丸善出版刊「理科年表」(2024)"による)

[*2] かっこ内の数値は標準不確かさを表し，前に書かれた数値の最後の 2 桁にこの不確か
さがあることを意味する．

単位の換算

1 μm(ミクロン, マイクロメートル)	10^{-6} m
1 nm(ナノメートル)	10^{-9} m
1 Å(オングストローム)	10^{-10} m
1 dyn(ダイン)	10^{-5} N
1 erg(エルグ)	10^{-7} J
1 bar(バール)	10^5 Pa
1 Gal(ガル)	1 cm$/$s$^2 = 10^{-2}$ m$/$s^2
1 cal(カロリー)	4.184 J
1 eV(エレクトロンボルト)	$1.602{\times}10^{-19}$ J $1.602{\times}10^{-12}$ erg $1.1605{\times}10^4$ K 23.05 kcal mol^{-1}
1 atm(気圧)	1013.25 hPa 760 mmHg 760 torr $1.01325{\times}10^5$ N m^{-2} $1.01325{\times}10^6$ dyn cm^{-2}

$\nu = 10^{10}$ Hz のとき
  エネルギー $h\nu$
  温　　度 T $=h\nu/$k
	$4.14{\times}10^{-5}$ eV
	0.48 K

物理定数表　*161*

金属材料の話

　金属材料には鉄鋼材料，非鉄金属材料(アルミニウムおよびアルミニウム合金，銅および銅合金など)が
ある．その機械的性質・形状など様々な特性が日本産業規格(JIS＝Japanese Industrial Standards の略)で
規定されている．JIS では，部門記号 G (鉄鋼)と H (非鉄金属)で始まる規格がある．

　ここでは，物理学実験の実験試料として使用されている金属材料の JIS 材料記号や特徴を紹介する．以
下に示している材料名の後のカッコ内にあるアルファベットと数字の組み合わせが JIS 材料記号である．

1) 鉄鋼材

一般構造用圧延鋼材 (SS400)

　　　一般的な鉄板・鉄パイプの材料である．JIS の材料記号 SS400 は，SS が Structural Steel で
400 が MPa (メガパスカル)単位での最小引張強さを表している．炭素含有量については JIS に
は規定されていないが，強度を保つために通常は 0.2%程度が含まれている．JIS では，化学成
分としてリン P および硫黄 S の含有量各々0.050%以下のみが規定されている．

ピアノ線 A 種 (SWP-A)

　　　鉄を主成分とし，炭素 Cu 0.60〜0.95%，シリコン Si 0.12〜0.32%，マンガン Mn 0.30〜0.90%
を含む鋼を材料とする線材である．動的荷重を受けるばね用の材料であり，適用線径が
0.08mm 以上 10.0mm 以下となる．JIS では引張強さなどが規定されている．

2) アルミニウムおよびアルミニウム合金

工業用純アルミニウム (A1050)

　　　A1050 の A はアルミニウム，1 は純アルミニウムを表す．50 は純度で，99.50%以上のアルミ
ニウムを含んでいる．純アルミニウムのため強度は低く構造材には向かないが，曲げや絞り加
工性，耐食性，溶接性，反射性，導電性，熱伝導性がよい．用途は反射材，装飾品，化学工業用
タンク，導電材など．

3) 銅および銅合金

タフピッチ銅 (C1100)

　　　C1100 の C は銅(Copper)，1 は高 Cu 系合金を表す．銅の純度は 99.90%以上であり，純銅で
ある．導電性，熱伝導性に優れ，展延性，耐食性，耐候性がよい．用途は電線などの導電性材
料，電気部品，化学工業品用など．

黄銅 (C2700)

　　　C2700 の C は銅，2 は Cu-Zn 系合金を表す．いわゆる黄銅(真ちゅう)である．C2700 の化学
成分は JIS で規定され，銅 Cu が 63.0〜67.0%，鉛 Pb 0.05%以下，鉄 Fe 0.05%以下，残りの成
分が亜鉛 Zn である．変形加工がしやすい．用途は機械部品，電気部品など．

快削黄銅 (C3604)

　　　C3604 の C は銅，3 は Cu-Zn-Pb 系合金を表す．C3604 の化学成分は Cu 57.0〜61.0%，Pb
1.8〜3.7%，Fe 0.50%以下，Fe+スズ Sn が 1.0%以下，残りの成分が Zn である．削り加工がし
やすい．用途はボルト，ナット，ねじ，歯車など．

水に関する値

水の密度 (101 325 Pa = 1 atm における値) $\times 10^3$ kg / m^3 (= g / cm^3)

(丸善出版刊「理科年表」(2024)による)

℃	0	1	2	3	4	5	6	7	8	9
0	0.99984	0.99990	0.99994	0.99996	0.99997	0.99996	0.99994	0.99990	0.99985	0.99978
10	0.99970	0.99960	0.99950	0.99938	0.99924	0.99910	0.99894	0.99877	0.99859	0.99840
20	0.99820	0.99799	0.99777	0.99754	0.99730	0.99704	0.99678	0.99651	0.99623	0.99594
30	0.99565	0.99534	0.99502	0.99470	0.99437	0.99403	0.99368	0.99333	0.99296	0.99259
40	0.99221	0.99183	0.99143	0.99103	0.99062	0.99021	0.98979	0.98936	0.98892	0.98848
50	0.98803	0.98757	0.98711	0.98664	0.98617	0.98569	0.98520	0.98471	0.98421	0.98370
60	0.98319	0.98267	0.98215	0.98162	0.98109	0.98055	0.98000	0.97945	0.97889	0.97833
70	0.97776	0.97719	0.97661	0.97602	0.97543	0.97484	0.97424	0.97363	0.97302	0.97241
80	0.97178	0.97116	0.97053	0.96989	0.96925	0.96861	0.96796	0.96730	0.96664	0.96557
90	0.96530	0.96463	0.96395	0.96327	0.96258	0.96188	0.96118	0.96048	0.95977	0.95906

水の粘性係数 $\times 10^{-4}$ Pa·s (= $\times 10^{-3}$ g / cm·s)

℃	0	1	2	3	4	5	6	7	8	9
0	17.94	17.32	16.74	16.19	15.68	15.19	14.73	14.29	13.87	13.48
10	13.10	12.74	12.39	12.06	11.75	11.45	11.16	10.83	10.60	10.34
20	10.09	9.84	9.61	9.38	9.16	8.95	8.75	8.55	8.36	8.18
30	8.00	7.83	7.67	7.51	7.36	7.21	7.06	6.93	6.79	6.66
40	6.54	6.42	6.30	6.18	6.03	5.97	5.87	5.77	5.68	5.53
50	5.49	5.40	5.32	5.24	5.15	5.07	4.99	4.92	4.84	4.77
60	4.70	4.63	4.56	4.50	4.43	4.37	4.31	4.24	4.19	4.13
70	4.07	4.02	3.96	3.91	3.86	3.81	3.76	3.71	3.66	3.62
80	3.57	3.53	3.48	3.44	3.40	3.36	3.32	3.28	3.24	3.20
90	3.17	3.13	3.10	3.06	3.03	2.99	2.96	2.93	2.90	2.87
100	2.84	2.82	2.79	2.76	2.73	2.70	2.67	2.64	2.62	2.59

水の定圧比熱容量   k J / (K·kg)   (丸善出版刊「理科年表」(2010)による)

℃	0	1	2	3	4	5	6	7	8	9
0	4.2174	4.2138	4.2104	4.2074	4.2045	4.2019	4.1996	4.1974	4.1954	4.1936
10	4.1919	4.1904	4.1890	4.1877	4.1866	4.1855	4.1846	4.1837	4.1829	4.1822
20	4.1816	4.1810	4.1805	4.1801	4.1797	4.1793	4.1790	4.1787	4.1785	4.1783
30	4.1782	4.1781	4.1780	4.1780	4.1779	4.1779	4.1780	4.1780	4.1781	4.1782

水の表面張力   (丸善出版刊「理科年表」(2024)による)

温度 [℃]	0.01	5	10	15	16	17	18	19	20
表面張力 [$\times 10^{-3}$ N / m]	75.646	74.942	74.221	73.486	73.337	73.188	73.038	72.887	72.736
21	22	23	24	25	30	40	50	60
72.584	72.432	72.279	72.126	71.972	71.194	69.596	67.944	66.238

熱学に関する値

様々な物質の比熱 (定圧比熱容量 101 325 Pa = 1 atm における値)

(朝倉書店刊「物理データ事典」(2006), 丸善出版刊「理科年表」(2002, 2024)による)

物質名		温度 [℃]	比熱容量 [kJ/K·kg]	物質名		温度 [℃]	比熱容量 [kJ/K·kg]
元素				無機化合物			
亜鉛	Zn	25	0.3897	塩化ナトリウム	NaCl	25	0.8697
アルミニウム	Al	25	0.9021	石英	SiO$_2$	25	0.7393
金	Au	25	0.1289	水	H$_2$O	25	4.1793
銀	Ag	25	0.2363	氷		$-25\sim0$	2
ケイ素	Si	25	0.7118	有機化合物			
水銀	Hg	25	0.1395	エタノール	C$_2$H$_5$OH	25	2.416
スズ	Sn	25	0.2221	メタノール	CH$_3$OH	25	2.55
タングステン	W	25	0.1323	気体			
炭素 (ダイヤ)	C	25	0.8517	空気 (乾)		20	1.006
炭素 (黒鉛)	C	25	0.7100	二酸化炭素	CO$_2$	16	0.837
鉄	Fe	25	0.4471	ヘリウム	He	-180	5.232
銅	Cu	25	0.3848	合金			
鉛	Pb	25	0.1294	黄銅 (真ちゅう)		0	0.39
白金	Pt	25	0.1317	はんだ		0	0.18

注) 元素　水・氷以外の無機化合物　有機化合物の値は朝倉書店刊「物理データ事典」(2006),
水の値は丸善出版刊「理科年表」(2002), 気体・合金の値は丸善出版刊「理科年表」(2024)より

融点・融解熱 (融解潜熱), 沸点・蒸発熱 (101 325 Pa = 1 atm における値)

(朝倉書店刊「物理データ事典」(2006)による)

物質名		融点 [K]	融解熱 [kJ/kg]	沸点 [K]	蒸発熱 [kJ/kg]
亜鉛	Zn	692.7	100	1180	1756
アルミニウム	Al	933.5	397	2793	10900
金	Au	1337.3	64.5	3130	1580
銀	Ag	1234.9	105	2435	2330
ケイ素	Si	1685	1800	3539	12800
酸素	O$_2$	54.8	13.8	90.19	213
水銀	Hg	234.3	11.6	629.7	290
スズ	Sn	505.1	59.6	2960	2440
タングステン	W	3680	193	5828	4480
窒素	N$_2$	63.3	25.7	77.4	199
鉄	Fe	1809	270	3136	6340
銅	Cu	1357.8	209	2843	4800
鉛	Pb	600.7	23.0	2017	869
白金	Pt	2042	111	4583	2290
ヘリウム	He			4.216	21.0
二酸化炭素	CO$_2$			194.7 (昇華)	573
水	H$_2$O	273.15	334	373.124	2260
エタノール	C$_2$H$_5$OH	158.7	109	351.5	837
メタノール	CH$_3$OH	175.3	99.1	337.9	1100

水の沸点 [℃]

(丸善出版刊「理科年表」(2013)による)

hPa	0	1	2	3	4	5	6	7	8	9
900	96.7	96.7	96.8	96.8	96.8	96.9	96.9	96.9	97.0	97.0
910	97.0	97.1	97.1	97.1	97.1	97.2	97.2	97.2	97.3	97.3
920	97.3	97.4	97.4	97.4	97.4	97.5	97.5	97.5	97.6	97.6
930	97.6	97.6	97.7	97.7	97.7	97.8	97.8	97.8	97.9	97.9
940	97.9	97.9	98.0	98.0	98.0	98.1	98.1	98.1	98.1	98.2
950	98.2	98.2	98.3	98.3	98.3	98.4	98.4	98.4	98.4	98.5
960	98.5	98.5	98.6	98.6	98.6	98.6	98.7	98.7	98.7	98.8
970	98.8	98.8	98.8	98.9	98.9	98.9	99.0	99.0	99.0	99.0
980	99.1	99.1	99.1	99.2	99.2	99.2	99.2	99.3	99.3	99.3
990	99.4	99.4	99.4	99.4	99.5	99.5	99.5	99.5	99.6	99.6
1000	99.6	99.7	99.7	99.7	99.7	99.8	99.8	99.8	99.9	99.9
1010	99.9	99.9	100.0	100.0	100.0	100.0	100.1	100.1	100.1	100.2
1020	100.2	100.2	100.2	100.3	100.3	100.3	100.3	100.4	100.4	100.4
1030	100.5	100.5	100.5	100.5	100.6	100.6	100.6	100.6	100.7	100.7
1040	100.7	100.8	100.8	100.8	100.8	100.9	100.9	100.9	100.9	101.0

1 気圧(1 atm ＝101 325 Pa)では約 373.124 K ＝ 99.974 ℃

圧力ρ [torr]のもとにおける水の沸点 t [℃]を下の式によって計算し，圧力の換算値

　1 torr ＝ 133.322 Pa を使って，圧力を hPa 単位で表したものである．

$$沸点\ t\ =100.00+0.0367(\rho-760)-0.000023(\rho-760)^2$$

熱伝導率

(丸善出版刊「理科年表」(2024)による)

金属および合金の熱伝導率

物質	熱伝導率 [W / m·K]				
	-100℃	0℃	100℃	300℃	700℃
アルミニウム	241	236	240	233	92
黄銅 (真ちゅう)	89	106	128	146	-
金	324	319	313	299	272
銀	432	428	422	407	377
鋼 (炭素)	48	50	48.5	41.5	-
鋼 (ステンレス)	12	15	16.5	19	-
鉄	99	83.5	72	56	34
銅	420	403	395	381	354
ナトリウム	141	142	88	78	60
白金	73	72	72	73	78
ベリリウム	367	218	168	129	93

種々の物質の熱伝導率

物質	温度 [℃]	熱伝導率 [W / m·K]
アクリル	常温	0.17~0.25
アスファルト	常温	1.1~1.5
紙	常温	0.06
ガラス (ソーダ)	常温	0.55~0.75
ケイソウ土	25~650	0.07~0.1
氷	0	2.2
ゴム (軟)	常温	0.1~0.2
コンクリート	常温	1
砂	20	0.3
土壌 (乾)	20	0.14
ナイロン	常温	0.27

気体の熱伝導率

気体	熱伝導率 [× 10^{-2} W / m·K]				
	-200℃	-100℃	0℃	100℃	1000℃
ヘリウム	5.95	10.45	14.22	17.77	41.9
空気		1.58	2.41	3.17	7.6
水蒸気			1.58	2.35	
二酸化炭素			1.45	2.23	7.9

液体の熱伝導率

物質	温度 [℃]	熱伝導率 [W / m·K]
エタノール	-40	0.189
水	0	0.561
水	80	0.673
メタノール	-40	0.223

黄銅 (真ちゅう)：Cu 70 Zn 30，鋼 (ステンレス)：Cr 17.9 Ni 8.0 Mn 0.3

固体の線膨張係数 (金属材料以外の値は丸善出版刊「理科年表」(2024)による)

物　質		温　度 [℃]	α [×10⁻⁶ 1 / K]
金 属 材 料 (JIS 材料記号)	一般構造用圧延鋼材 (SS400)	−	11.7
	工業用純アルミニウム (A1050)	20 ～ 100	23.5
	タフピッチ銅 (C1100)	20 ～ 300	17.7
	快削黄銅 (C3604)	20 ～ 300	20.5
合　金	アルミニウム青銅 (90Cu, 5Al, 4.5Ni)	20	15.9
	コンスタンタン (65Cu, 35Ni)	20	15.0
	ジュラルミン	20	21.6
	ステライト (65Co, 25Cr, 10W)	20	11.2
	白金イリジウム (90Pt, 10Ir)	20	8.7
	セレン化鉛	20	20
	テルル化鉛	20	27
	硫化カドミニウム (軸に∥)	20	4
	硫化カドミニウム (軸に⊥)	20	6
	硫化鉛	40	19
そ の 他	エ ボ ナ イ ト	20	50 ～ 80
	花 コ ウ 岩	20	4 ～ 10
	ガ ラ ス (フリント)	20	8 ～ 9
	ガ ラ ス (パイレックス)	20	2.8
	岩 塩	40	40.4
	氷	−100	33.9
	ゴ ム (弾性ゴム)	16.7 ～ 25.3	77
	コンクリート, セメント	20	7 ～ 14
	磁 器 (絶縁)	20	2 ～ 6
	水 晶 (軸に∥)	20	6.8
	水 晶 (軸に⊥)	20	12.2
	セ ル ロ イ ド	20	90 ～ 160
	大 理 石	20	3 ～ 15
	方 解 石 (軸に∥)	0 ～ 80	26.3
	方 解 石 (軸に⊥)	0 ～ 80	5.44
	ポ リ エ チ レ ン	20	100 ～ 200
	ポ リ ス チ レ ン	20	34 ～ 210
	ベ ー ク ラ イ ト	20	21 ～ 33
	レ ン ガ	20	3 ～ 10
	木 材 (繊維に∥)	20	3 ～ 6
	木 材 (繊維に⊥)	20	35 ～ 60

元素の線膨張係数

(丸善出版刊「理科年表」(2024)による)

元 素	温度 [℃]	α [×10^{-6} 1 / K]
亜 鉛	20	30.2
アルミニウム	20	23.1
アンチモン	20	11.0
カドミウム	20	30.8
金	20	14.2
銀	20	18.9
クロム	20	4.9
ケイ素(シリコン)	20	2.6
ゲルマニウム	20	5.7
スズ	20	22.0
炭素(ダイヤモンド)	20	1.0
炭素(石墨)	20	3.1
タングステン	20	4.5
チタン	20	8.6
鉄	20	11.8
銅	20	16.5
ナトリウム	0〜50	70
鉛	20	28.9
ニッケル	20	13.4
白金	20	8.8
パラジウム	20	11.8
マグネシウム	20	24.8
モリブデン	20〜100	3.7〜5.3
リチウム	0〜100	56
ロジウム	20	8.2

タングステンの特性表

温 度 [K]	抵抗比 R／R$_{293}$
273	0.91
293	1.00
300	1.03
400	1.467
500	1.924
600	2.41
700	2.93
800	3.46
900	4.00
1000	4.54
1100	5.08
1200	5.65
1300	6.22
1400	6.78
1500	7.36
1600	7.93
1700	8.52
1800	9.12
1900	9.72
2000	10.33
2100	10.93
2200	11.57
2300	12.19
2400	12.83
2500	13.47
2600	14.12
2700	14.76
2800	15.43
2900	16.10
3000	16.77
3100	17.46
3200	18.15
3300	18.83
3400	19.53
3500	20.24
3600	20.95
3700	21.34

銅－コンスタンタン熱電対の熱起電力　　　(丸善出版刊「理科年表」(2024)による)

μV

℃	0	1	2	3	4	5	6	7	8	9
0	0000	0039	0078	0117	0156	0195	0234	0273	0312	0352
10	0391	0431	4070	0510	0549	0589	0629	0669	0709	0749
20	0790	0830	0870	0911	0951	0992	1033	1074	1114	1155
30	1196	1238	1279	1320	1362	1403	1445	1486	1528	1570
40	1612	1654	1696	1738	1780	1823	1865	1908	1950	1993
50	2036	2079	2122	2165	2208	2251	2294	2338	2381	2425
60	2468	2512	2556	2600	2643	2687	2732	2776	2820	2864
70	2909	2953	2998	3043	3087	3132	3177	3222	3267	3312
80	3358	3403	3448	3494	3539	3585	3631	3677	3722	3768
90	3814	3860	3907	3953	3999	4046	4092	4138	4185	4232
100	4279	4325	4372	4419	4466	4513	4561	4608	4655	4702
110	4750	4798	4845	4893	4941	4988	5036	5084	5132	5180
120	5228	5277	5325	5373	5422	5470	5519	5567	5616	5665
130	5714	5763	5812	5861	5910	5959	6008	6057	6107	6156
140	6206	6255	6305	6355	6404	6454	6504	6554	6604	6654
150	6704	6754	6805	6855	6905	6956	7006	7057	7107	7158
160	7209	7260	7310	7361	7412	7463	7515	7566	7617	7668
170	7720	7771	7823	7874	7926	7977	8029	8081	8133	8185
180	8237	8289	8341	8393	8445	8497	8550	8602	8654	8707
190	8759	8812	8865	8917	8970	9023	9076	9129	9182	9235
200	9288	9341	9395	9448	9501	9555	9608	9662	9715	9769
210	9822	9876	9930	9984	10038	10092	10146	10200	10254	10308
220	10362	10417	10471	10525	10580	10634	10689	10743	10798	10853
230	10907	10962	11017	11072	11127	11182	11237	11292	11347	11403
240	11458	11513	11569	11624	11680	11735	11791	11846	11902	11958
250	12013	12069	12125	12181	12237	12293	12349	12405	12461	12518
260	12574	12630	12687	12743	12799	12856	12912	12969	13026	13082
270	13139	13196	13253	13310	13366	13423	13480	13537	13595	13652
280	13709	13766	13823	13881	13938	13995	14053	14110	14168	14226
290	14283	14341	14399	14456	14514	14572	14630	14688	14746	14804
300	14862	14920	14978	15036	15095	15153	15211	15270	15328	15386
310	15445	15503	15562	15621	15679	15738	15797	15856	15914	15973
320	16032	16091	16150	16209	16268	16327	16387	16446	16505	16564
330	16624	16683	16742	16802	16861	16921	16980	17040	17100	17159
340	17219	17279	17339	17399	17458	17518	17578	17638	17698	17759
350	17819	17879	17939	17999	18060	18120	18180	18241	18301	18362
360	18422	18483	18543	18604	18665	18725	18786	18847	18908	18969
370	19030	19091	19152	19213	19274	19335	19396	19457	19518	19579
380	19641	19702	19763	19825	19886	19947	20009	20070	20132	20193
390	20255	20317	20378	20440	20502	20563	20625	20687	20748	20810

力学に関する値

弾性の定数　　(金属材料以外の値については丸善出版刊「理科年表」(2024)による)

物　　質		ヤング率 GPa	ずれ弾性率 GPa	ポアソン比	体積弾性率 GPa
単体	アルミニウム	70.3	26.1	0.345	75.5
	金	78.0	27.0	0.44	217.0
	銀	82.7	30.3	0.367	103.6
	チタン	115.7	43.8	0.321	107.7
	銅	129.8	48.3	0.343	137.8
金属材料 (JIS 記号)	ピアノ線 (鋼線 SWP-A)	206	79	0.3	–
	黄銅 (C2700)	103	38	0.35	–
	タフピッチ銅 (C1100)	118	44	0.33	–
その他	ガラス (クラウン)	71.3	29.2	0.22	41.2
	ガラス (フリント)	80.1	31.5	0.27	57.6
	タングステンカーバイド	534.4	219.0	0.22	319.0

引張り強さ　　(丸善出版刊「理科年表」(2024)による)

物質	最大応力　$\times 10^8$ Pa	物質	最大応力　$\times 10^8$ Pa
黄銅 (真ちゅう) (針金)	3.5 ~ 5.5	銅(軟)(針金)	2.8 ~ 3.1
腸線 (ガット)	4.2	金(針金)	2.0 ~ 2.5
鉄 (鋼) (針金)	11 ~ 15.5	銀(針金)	2.9
鉄 (ピアノ線) (針金)	18.6 ~ 23.3	木材(普通)	0.2 ~ 0.7

グリセリンの粘性係数

$\times 10^{-3}$ Pa·s　($= \times 10^{-2}$ g / (cm·s))

濃度 %	比　重	温度 20 ℃	25 ℃	30 ℃
80	1.20925	62.0	45.86	34.92
82	1.21455	77.9	56.90	42.92
84	1.21990	99.6	72.2	53.63
86	1.22520	129.6	92.6	68.1
88	1.23055	174.5	122.6	88.8
90	1.23585	234.6	163.6	115.3
91	1.23850	2784	189.3	134.4
92	1.24115	3284	221.8	156.5
93	1.24380	387.7	262.9	182.8
94	1.24645	457.7	308.7	212.0
95	1.24910	545	366.0	248.8
96.0	1.25165	661	435.0	296.7
96.5	1.25295	731	476.8	324.3
97.0	1.25425	805	522.9	354.0
97.5	1.25555	885	571	387.4
98.0	1.25685	974	629	424.0
98.5	1.25815	1080	698	465.3
99.0	1.25945	1197	775	511.0
99.5	1.26073	1337	856	564
100	1.26201	1499	945	624

グリセリンの比重

基準は 4 ℃の水

濃度 %	温度 15 ℃	20 ℃	25 ℃
80	1.2116	1.2085	1.2055
85	1.2249	1.2218	1.2187
90	1.2381	1.2351	1.2320
95	1.2513	1.2483	1.2452
100	1.2642	1.2611	1.2580

重力加速度

日本各地の重力加速度実測値　　　　　　　（丸善出版刊「理科年表」(2015, 2024) による）

地名	緯度(φ) [度 分 秒]			経度(λ) [度 分 秒]			高さ(H) [m]	重力加速度実測値(g) [m / s^2]
札幌	43	04	20	141	20	30	15.21	9.8047754
青森	40	49	19	140	46	07	3.37	9.8031107
福島	37	45	35	140	28	18	68.1	9.8000796
東京	35	38	48	139	41	06	28.04	9.7976319
名古屋	35	09	18	136	58	08	42.22	9.7973337
京都	35	01	50	135	46	59	59.79	9.7970768
伊丹	34	47	28	135	26	27	15.33	9.7970323
長崎	32	44	01	129	52	06	23.70	9.7958802
鹿児島	31	33	19	130	32	55	4.58	9.7947121
那覇	26	12	27	127	41	13	21.09	9.7909592

世界各地の重力加速度実測値　　　　　　　（丸善出版刊「理科年表」(1999) による）

地名	所在地	緯度(φ) [度 分]	経度(λ) [度 分]	高さ(H) [m]	重力実測値(g) [m /s^2]
フェアバンクス	アメリカ	64 51.5 N	147 49.4 W	157.	9.8223171
ヘルシンキ	フィンランド	60 10.5 N	24 57.4 E	20.6	9.8190059
テディントン	イギリス	51 25.2 N	0 20.4 W	9.7	9.8118178
パリ	フランス	48 49.8 N	2 13.2 E	65.9	9.8092597
ワシントン	アメリカ	38 53.6 N	77 02.0 W	0.2	9.8010429
ニューデリー	インド	28 36.3 N	77 13.7 E	208.8	9.7912155
メキシコシチー	メキシコ	19 20.0 N	99 10.9 W	2268.5	9.7792650
シンガポール	シンガポール	1 17.8 N	103 51.0 E	8.2	9.7806604
キトー	エクアドル	0 13.0 S	78 30.0 W	2815.1	9.7726319
リオデジャネイロ	ブラジル	22 53.7 S	43 13.4 W	29.	9.7878990
ブエノスアイレス	アルゼンチン	34 34.4 S	58 31.1 W	9.4	9.7969003
クライストチャーチ	ニュージーランド	43 31.8 S	172 37.2 E	7.	9.8049429
昭和基地 (参考)	プリンスオラフ海岸	69 0.5 S	39 35.5 E	21.5	9.8252433

太陽，惑星および月定数表　　　　　　　　（丸善出版刊「理科年表」(2024) による）

	赤道半径 [km]	赤道重力 (地球 = 1)※	質量 (地球 = 1)※	密度 [×10^3 kg / m^3]
太陽	695700	28.04	332946	1.41
水星	2439.4	0.38	0.05527	5.43
金星	6051.8	0.91	0.8150	5.24
地球	6378.1	1.00	1.0000	5.51
火星	3396.2	0.38	0.1074	3.93
木星	71492	2.37	317.83	1.33
土星	60268	0.93	95.16	0.69
天王星	25559	0.89	14.54	1.27
海王星	24764	1.11	17.15	1.64
月	1737.4	0.17	0.0123000	3.34

※地球の赤道 重力加速度 9.78003 m/s^2 を 1 ，地球の質量 5.972×10^{24} kg を 1 として比較

物質の密度

固体の密度

×10³ kg / m³ （＝ g / cm³）

物　質	密度	物　質	密度
亜　　鉛	7.14	コバルト	8.9
アルミニウム	2.70	錫 (白色)	7.31
アンチモン	6.62	ビスマス	9.80
イリジウム	22.4	鉄	7.88
金	19.3	銅	8.95
銀	10.5	ナトリウム	0.97
鉛	11.34	氷 (0 ℃)	0.917
ニッケル	8.9	耐火レンガ	2.42
白　金	21.4	真　鍮	8.20
マグネシウム	1.74		～
マンガン	7.42		8.56
ロジウム	12.44	花崗岩	2.5
			～
			2.8

液体の密度　　（「理科年表」(2024)）

×10³ kg / m³ （＝ g / cm³）

物　質	密度
エタノール (20 ℃)	0.789
海水	1.01～1.05
ガソリン	0.66～0.75
石油 (灯油)	0.80～0.83
メタノール (20 ℃)	0.793

気体の密度　　（「理科年表」(2024)）

0 ℃, 101325 Pa

kg / m³ （＝ ×10⁻³ g / cm³）

気体	密度
アルゴン	1.784
水蒸気 (100 ℃)	0.598
二酸化炭素	1.977
プロパン	2.02
ヘリウム	0.1785

空気の密度　　　　　　　　　　　　　　　（丸善出版刊「理科年表」(2015)による）

kg / m³ （＝ × 10⁻³ g / cm³）

圧力 [hPa] ＼ 温度 [℃]	990	995	1000	1005	1010	1015	1020	1025	1030	1035
0	1.263	1.270	1.276	1.282	1.289	1.295	1.302	1.308	1.314	1.321
5	1.241	1.247	1.253	1.259	1.266	1.272	1.278	1.284	1.291	1.297
10	1.219	1.225	1.231	1.237	1.243	1.249	1.256	1.262	1.268	1.274
15	1.197	1.203	1.210	1.216	1.222	1.228	1.234	1.240	1.246	1.252
20	1.177	1.183	1.189	1.195	1.201	1.207	1.213	1.219	1.224	1.230
25	1.157	1.163	1.169	1.175	1.181	1.186	1.192	1.198	1.204	1.210
30	1.138	1.144	1.150	1.155	1.161	1.167	1.173	1.178	1.184	1.190

下の式によって計算した，温度 t [℃]，圧力 H [hPa]の乾燥した空気の密度 ρ [kg/m³]の値を示す．

$$\rho = \{ 1.293 / (1 + 0.00367\, t) \} \cdot (H / 1013.25)$$

圧力 p [hPa]の水蒸気を含んだ空気の密度 ρw [kg/m³]は同温同圧の乾燥した空気の密度 ρ から次の式によって導かれる．

$$\rho w = \rho (1 - 0.378\, p / H)$$

音に関する値

種々の気体中における音速
(平均二乗速度以外は丸善出版刊「理科年表」(2024)による)

物　質	密　度 ρ ($0\,℃$, 1 atm) $[\mathrm{kg/m^3}]$	音速 c ($0\,℃$, 1 atm) $[\mathrm{m/s}]$	c の温度係数 ($0\,℃$) $[\mathrm{m/s\cdot K}]$	平均二乗速度 $[\mathrm{m/s}]$
水　　素	0.08988	1269.5	2.00	18.44×10^2
重 水 素	0.1784	890	1.58	
ヘ リ ウ ム	0.17847	970	1.55	13.11×10^2
ネ オ ン	0.90035	435	0.78	5.81×10^2
窒　　素	1.25055	337	0.85	4.92×10^2
空気 (乾燥)	1.2929	331.45	0.607	4.83×10^2
酸　　素	1.4290	317.2	0.57	4.61×10^2
ア ル ゴ ン	1.7837	319	－	4.13×10^2
二酸化炭素	1.9769	258	0.870	3.92×10^2
塩　　素	3.214	205.3	－	－
メ タ ン	0.7168	430	0.62	－

空気中の音の速度

気体中の音速は圧力にはほとんど無関係で，絶対温度の平方根に比例して増加する．

CO_2 を含まない乾燥空気中の音の速度については，$0\,℃$ での値を V_0，$\theta\,[℃]$ での値を V とすると，以下の式のように書ける．この式を使って $V_0 = 331.45$ m/s としたときの V の計算値を表にした．

$$V = V_0 \sqrt{\frac{273.15 + \theta}{273.15}}$$

温度 θ $[℃]$	音　速 $[\mathrm{m/s}]$	温度 θ $[℃]$	音　速 $[\mathrm{m/s}]$	温度 θ $[℃]$	音　速 $[\mathrm{m/s}]$	温度 θ $[℃]$	音　速 $[\mathrm{m/s}]$
0	331.45	10	337.46	20	343.37	30	349.18
1	332.06	11	338.06	21	343.96	32	350.33
2	332.66	12	338.65	22	344.54	34	351.47
3	333.27	13	339.25	23	345.12	36	352.62
4	333.87	14	339.84	24	345.70	38	353.75
5	334.47	15	340.43	25	346.29	40	354.89
6	335.07	16	341.02	26	346.87	100	387.40
7	335.67	17	341.61	27	347.45	200	436.23
8	336.27	18	342.20	28	348.02	300	480.12
9	336.87	19	342.78	29	348.60		

$0\,℃$ 近辺では上式をテイラー展開して得られる $V = V_0 + \alpha\theta$ で近似できる．α は温度係数となり，乾燥空気中の場合は，$\alpha = 0.607$ m/s·K である．

172　物理定数表

液体中の音速
(丸善出版刊「理科年表」(2024)による)

物　質	温度[℃]	密　度 ρ [kg / m³]	音速 c [m / s]
エタノール	23 ～ 27	0.786	1207
グリセリン	23 ～ 27	1.26	1986
ジエチルエーテル	23 ～ 27	0.71	985
水銀	23 ～ 27	13.6	1450
水 (蒸留)	23 ～ 27	1.00	1500
水 (海水, 塩分 30/1000)	20	1.021	1513
重水	20	1.1053	1381
ベンゼン	23 ～ 27	0.87	1295

　液体中の音速はわずかの例外を除いて，1000～1500m/s の間にあり，温度1℃あたり 2～5m/s 減少するものが多い．水中の音速は温度とともに増加し，74℃で極大になる．

固体中の音速
(丸善出版刊「理科年表」(2024)による)

物　質	密　度 ρ [kg / m³]	縦波の速さ [m / s]	横波の速さ [m / s]	棒の縦振動の速さ [m / s]
亜鉛	7.18	4210	2440	3850
アルミニウム	2.69	6420	3040	5000
エボナイト	1.2	2500	－	1570
黄銅 (70Cu, 30Zn)	8.6	4700	2100	3480
ガラス (窓ガラス)	2.42	5440	－	－
ガラス (クラウン)	2.4 ～ 2.6	5100	2840	4540
ガラス (フリント)	2.9 ～ 5.9	3980	2380	3720
金	19.32	3240	1220	2030
銀	10.49	3650	1660	2680
ゴム (天然)	0.97	1500 (1MHz)	120 (1MHz)	210 (1MHz)
氷	0.917	3230	1600	－
コンクリート	－	4250 ～ 5250	－	－
大理石	2.65	6100	2900	3810
鉄	7.86	5950	3240	5120
銅	8.96	5010	2270	3750
ポリエチレン (軟質)	0.90	1950	540	920

　固体中の音速は，同じ物質であっても，金属では結晶の状態，方向，ゴムなどでは混合物の割合，周波数によってかなり変化する．一般に音速は温度が上昇すると小さくなる．

光に関する値

主要なスペクトル線

15 ℃，1 atm，乾燥空気 [nm]		
Na	589.592 (D₁)	橙
	588.995 (D₂)	橙
He	587.56 (D₃)	黄
H	656.28 (C)	赤
He−Ne レーザー	632.8	赤

※ 表中の添え字は D_1, D_2, D_3 を表す。

電磁波のスペクトル

波　長	周　波　数	
30 km	10^4 Hz	VLF (Very Low Frequency)ラジオ 遠距離および水中の通信
3 km	10^5 Hz	長波ラジオ，放送
30 m	10^7 Hz $= 10$ MHz	短波ラジオ，イオン暦を利用した遠距離通信
30 cm	10^9 Hz $= 1$ GHz	UHF (Ultra High Frequency)ラジオ， テレビ，レーダー，電波天文学
3 cm	10^{10} Hz $= 10$ GHz	センチ波ラジオ，衛星通信， レーダー
0.3 mm $= 300$ μm	10^{12} Hz $= 1$ THz	最短のラジオ波，最長の赤外線
3 μm $= 30,000$Å $= 3,000$ nm	10^{14} Hz	赤外線，分子スペクトル
700 nm 〜 400 nm	4.2×10^{14} Hz 〜 7.5×10^{14} Hz	可視光
30 nm $= 300$Å	10^{16} Hz	紫外線，原子スペクトル
300 pm	10^{18} Hz	X 線，量子エネルギー($h\nu$)，2.5×10^3 eV (電子ボルト)
< 3 pm	10^{20} Hz	γ 線，量子エネルギー 0.25 MeV，10^{20} eV の宇宙線のエネルギーまで広がっている

174　物理定数表

屈折率

(1) 固　体

物　　質	屈　折　率
石　英 (波長 400〜3,000 nm)	1.48〜1.42 (可視〜赤外)
水　晶 (波長 200〜2,000〜7,000 nm)	1.64〜1.50〜1.15 (紫外〜可視〜遠赤外)
NaCl (波長 600〜1,000 nm)	1.55〜1.50 (可視〜赤外)
AgCl (波長 1000〜20,000 nm)	2.01〜1.98 (赤外)
アクリル系樹脂 (可視光)	1.49
クラウンガラス (波長 589.3 nm)	1.515〜1.615 ⎫
フリントガラス (波長 589.3 nm)	1.608〜1.752 ⎭ (常温空気に対する)

(注)種々の波長の光に対する屈折率(同温度の空気に対する値)を示す.

(2) 液　体 (20℃)　　　　　　　　　　(丸善出版刊「理科年表」(2024)による)

物　　質	屈折率	物　　質	屈折率
ア　ニ　リ　ン	1.586	四　塩　化　炭　素	1.4607
エ　タ　ノ　ー　ル	1.3618	セ　ダ　油	1.516
メ　タ　ノ　ー　ル	1.3290	パ　ラ　フ　ィ　ン　油	1.48
α−ブロモナフタリン	1.660	ベ　ン　ゼ　ン	1.5012
ジエチルエーテル	1.3538	水	1.3330
グ　リ　セ　リ　ン	1.4730	ジ　ヨ　ー　ド　メ　タ　ン	1.737

(注)ナトリウムD線 (波長 589.3 nm)に対する屈折率(空気に対する値)

(3) 光学薄膜として使用される物質の屈折率

物　質　名	屈　折　率	使用波長域 [nm]
氷　晶　石 ($AlF_3 \cdot 3NaF$)	1.35	200〜10,000
フッ化マグネシウム(MgF_2)	1.38	120〜 5,000
フッ化トリウム　　(ThF_4)	1.45	200〜10,000
フッ化セリウム　　(CeF_4)	1.62	300〜 5,000
一酸化シリコン　　(SiO)	1.45〜1.90	350〜 8,000
酸化ジルコニウム　(ZrO_2)	2.10	300〜 7,000
硫　化　亜　鉛　　(ZnS)	2.35	400〜14,000
ル　チ　ル　　　　(TiO_2)	2.4〜2.9	400〜 7,000
酸化セリウム　　　(CeO_2)	2.36	400〜 5,000
テ　ル　ル　化　鉛　($PbTe$)	5.10	390〜29,000

半導体の特性量

(丸善出版刊「理科年表」(2024)による)

物質名	融点 [℃]	禁則帯の幅 (0 K) E_G [eV]	$\beta = \dfrac{\partial E_G}{\partial T}$ [×10^4 eV / K]	電子移動度 (μ_n) (300 K) [×10^{-4} m²/V·s]	正孔移動度 (μ_p) (300 K) [×10^{-4} m²/V·s]
Ge	959	0.785	+4.0	3600	1800
Si	1410	1.206	+4.2	1500	500
Cu$_2$O	1236	2.172			50
GaP	1350	2.32			
GaAs	1280	1.53	+5.4	175	75
GaSb	728	0.81	+4.9	9700	420
InAs	942	0.35	+3.5	4000	700
InSb	525	0.17	+3.5	33000	460
ZnS	1850	3.91	+2.7	82000	～750
ZnSe	～1500	2.83			
CdS	1750	2.582			
CdSe	1350	1.84		～100	
PbS	1114	0.29	+5.5	210	
PbTe	905	0.19			
			−5.0	640	800
			−5.0	2100	840

電気伝導率 σ は, $\sigma = e\,(n\mu_n + p\mu_p)$ によって与えられる.

n, p は, それぞれ単位体積中における伝導帯, 原子価帯にある電子および正孔の数である.

176 物理定数表

三 角 関 数 真 数 表

度	sin	cosec	tan	cot	sec	cos	度
0°	0.000	∞	0.000	∞	1.000	1.000	90°
1	0.017	57.299	0.017	57.290	1.000	1.000	89
2	0.035	28.654	0.035	28.636	1.001	0.999	88
3	0.052	19.107	0.052	19.081	1.001	0.999	87
4	0.070	14.336	0.070	14.301	1.002	0.998	86
5	0.087	11.474	0.087	11.430	1.004	0.996	85
6	0.105	9.567	0.105	9.514	1.006	0.995	84
7	0.122	8.206	0.123	8.144	1.008	0.993	83
8	0.139	7.185	0.141	7.115	1.010	0.990	82
9	0.156	6.392	0.158	6.314	1.012	0.988	81
10	0.174	5.759	0.176	5.671	1.015	0.985	80
11	0.191	5.241	0.194	5.145	1.019	0.982	79
12	0.208	4.810	0.213	4.705	1.022	0.978	78
13	0.225	4.445	0.231	4.331	1.026	0.974	77
14	0.242	4.134	0.249	4.011	1.031	0.970	76
15	0.259	3.864	0.268	3.732	1.035	0.966	75
16	0.276	3.628	0.287	3.487	1.040	0.961	74
17	0.292	3.420	0.306	3.271	1.046	0.956	73
18	0.309	3.236	0.325	3.078	1.051	0.951	72
19	0.326	3.072	0.344	2.904	1.058	0.946	71
20	0.342	2.924	0.364	2.747	1.064	0.940	70
21	0.358	2.790	0.384	2.605	1.071	0.934	69
22	0.375	2.669	0.404	2.475	1.079	0.927	68
23	0.391	2.559	0.424	2.356	1.086	0.921	67
24	0.407	2.459	0.445	2.246	1.095	0.914	66
25	0.423	2.366	0.466	2.145	1.103	0.906	65
26	0.438	2.281	0.488	2.050	1.113	0.899	64
27	0.454	2.203	0.510	1.963	1.122	0.891	63
28	0.469	2.130	0.532	1.881	1.133	0.883	62
29	0.485	2.063	0.554	1.804	1.143	0.875	61
30	0.500	2.000	0.577	1.732	1.155	0.866	60
31	0.515	1.942	0.601	1.664	1.167	0.857	59
32	0.530	1.887	0.625	1.600	1.179	0.848	58
33	0.545	1.836	0.649	1.540	1.192	0.839	57
34	0.559	1.788	0.675	1.483	1.206	0.829	56
35	0.574	1.743	0.700	1.428	1.221	0.819	55
36	0.588	1.701	0.727	1.376	1.236	0.809	54
37	0.602	1.662	0.754	1.327	1.252	0.799	53
38	0.616	1.624	0.781	1.280	1.269	0.788	52
39	0.629	1.589	0.810	1.235	1.287	0.777	51
40	0.643	1.556	0.839	1.192	1.305	0.766	50
41	0.656	1.524	0.869	1.150	1.325	0.755	49
42	0.669	1.494	0.900	1.111	1.346	0.743	48
43	0.682	1.466	0.933	1.072	1.367	0.731	47
44	0.695	1.440	0.966	1.036	1.390	0.719	46
45	0.707	1.414	1.000	1.000	1.414	0.707	45
度	cos	sec	cot	tan	cosec	sin	度

物理定数表　　*177*

ギリシア文字の名称と読み方 (英語式)

		名　称 (読み方)				名　称 (読み方)	
A	α	alpha	(アルファ)	N	ν	nu	(ニュー)
B	β	beta	(ベータ)	Ξ	ξ	xi	(グザイ, クサイ, ザイ)
Γ	γ	gamma	(ガンマ)	O	o	omicron	(オマイクロン)
Δ	δ	delta	(デルタ)	Π	π	pi	(パイ)
E	ε	epsilon	(イプシロン)	P	ρ	rho	(ロー)
				Σ	σ, ς	sigma	(シグマ)
Z	ζ	zeta	(ジータ)	T	τ	tau	(タウ)
H	η	eta	(イータ)	Y	υ	upsilon	(ユプシロン, ユープサイロン)
Θ	θ, ϑ	theta	(シータ)				
I	ι	iota	(イオタ)	Φ	φ, ϕ	phi	(ファイ)
K	κ	kappa	(カッパ)	X	χ	chi	(カイ)
Λ	λ	lambda	(ラムダ)	Ψ	ψ, ψ	psi	(プサイ)
M	μ	mu	(ミュー)	Ω	ω	omega	(オメガ)

(Jones の発音辞典, 研究社の新英和大辞典による)

178　物理定数表

元素の

周期＼族	1	2	3	4	5	6	7	8	9
1	1 **H** 水素 1.00784~ 1.00811								
2	3 **Li** リチウム 6.938~ 6.997	4 **Be** ベリリウム 9.0121831							
3	11 **Na** ナトリウム 22.98976928	12 **Mg** マグネシウム 24.304~ 24.307							
4	19 **K** カリウム 39.0983	20 **Ca** カルシウム 40.078	21 **Sc** スカンジウム 44.955907	22 **Ti** チタン 47.867	23 **V** バナジウム 50.9415	24 **Cr** クロム 51.9961	25 **Mn** マンガン 54.938043	26 **Fe** 鉄 55.845	27 **Co** コバルト 58.933194
5	37 **Rb** ルビジウム 85.4678	38 **Sr** ストロンチウム 87.62	39 **Y** イットリウム 88.905838	40 **Zr** ジルコニウム 91.224	41 **Nb** ニオブ 92.90637	42 **Mo** モリブデン 95.95	43 **Tc*** テクネチウム (99)	44 **Ru** ルテニウム 101.07	45 **Rh** ロジウム 102.90549
6	55 **Cs** セシウム 132.90545196	56 **Ba** バリウム 137.327	57~71 ランタノイド	72 **Hf** ハフニウム 178.486	73 **Ta** タンタル 180.94788	74 **W** タングステン 183.84	75 **Re** レニウム 186.207	76 **Os** オスミウム 190.23	77 **Ir** イリジウム 192.217
7	87 **Fr*** フランシウム (223)	88 **Ra*** ラジウム (226)	89~103 アクチノイド	104 **Rf*** ラザホージウム (267)	105 **Db*** ドブニウム (268)	106 **Sg*** シーボーギウム (271)	107 **Bh*** ボーリウム (272)	108 **Hs*** ハッシウム (277)	109 **Mt*** マイトネリウム (276)

ランタノイド	57 **La** ランタン 138.90547	58 **Ce** セリウム 140.116	59 **Pr** プラセオジム 140.90766	60 **Nd** ネオジム 144.242	61 **Pm*** プロメチウム (145)	62 **Sm** サマリウム 150.36	63 **Eu** ユウロピウム 151.964
アクチノイド	89 **Ac*** アクチニウム (227)	90 **Th*** トリウム 232.0377	91 **Pa*** プロトアクチニウム 231.03588	92 **U*** ウラン 238.02891	93 **Np*** ネプツニウム (237)	94 **Pu*** プルトニウム (239)	95 **Am*** アメリシウム (243)

注1：元素記号の右肩の＊はその元素には安定同位体が存在しないことを示す。そのような元素については放射性同位体の質量数の一例を（ ）内に示した。ただし，Bi，Th，Pa，U については天然で特定の同位体組成を示すので原子量が与えられる。

注2：この周期表には最新の原子量「原子量表（2024）」が示されている。原子量は単一の数値あるいは変動範囲で示されている。原子量が範囲で示されている14元素には複数の安定同位体が存在し，その組成が天然において大きく変動するため単一の数値で原子量が与えられない。その他の70元素については，原子量の不確かさは示された数値の最後の桁にある。なお，原子量は主要な同位体から計算されるが，これには安定同位体および半減期が5億年以上の放射性同位体が含まれる。ただし，^{230}Thと^{234}Uは^{238}Uの，^{231}Paは^{235}Uの壊変生成物として常に自然界に存在するために主要な同位体として扱っている。

©2024 日本化学会　原子量専門委員会

周期表(2024)

10	11	12	13	14	15	16	17	18	族／周期
								2 **He** ヘリウム 4.002602	1
			5 **B** ホウ素 10.806~ 10.821	6 **C** 炭素 12.0096~ 12.0116	7 **N** 窒素 14.00643~ 14.00728	8 **O** 酸素 15.99903~ 15.99977	9 **F** フッ素 18.998403162	10 **Ne** ネオン 20.1797	2
			13 **Al** アルミニウム 26.9815384	14 **Si** ケイ素 28.084~ 28.086	15 **P** リン 30.973761998	16 **S** 硫黄 32.059~ 32.076	17 **Cl** 塩素 35.446~ 35.457	18 **Ar** アルゴン 39.792~ 39.963	3
28 **Ni** ニッケル 58.6934	29 **Cu** 銅 63.546	30 **Zn** 亜鉛 65.38	31 **Ga** ガリウム 69.723	32 **Ge** ゲルマニウム 72.630	33 **As** ヒ素 74.921595	34 **Se** セレン 78.971	35 **Br** 臭素 79.901~ 79.907	36 **Kr** クリプトン 83.798	4
46 **Pd** パラジウム 106.42	47 **Ag** 銀 107.8682	48 **Cd** カドミウム 112.414	49 **In** インジウム 114.818	50 **Sn** スズ 118.710	51 **Sb** アンチモン 121.760	52 **Te** テルル 127.60	53 **I** ヨウ素 126.90447	54 **Xe** キセノン 131.293	5
78 **Pt** 白金 195.084	79 **Au** 金 196.966570	80 **Hg** 水銀 200.592	81 **Tl** タリウム 204.382~ 204.385	82 **Pb** 鉛 206.14~ 207.94	83 **Bi*** ビスマス 208.98040	84 **Po*** ポロニウム (210)	85 **At*** アスタチン (210)	86 **Rn*** ラドン (222)	6
110 **Ds*** ダームスタチウム (281)	111 **Rg*** レントゲニウム (280)	112 **Cn*** コペルニシウム (285)	113 **Nh*** ニホニウム (278)	114 **Fl*** フレロビウム (289)	115 **Mc*** モスコビウム (289)	116 **Lv*** リバモリウム (293)	117 **Ts*** テネシン (293)	118 **Og*** オガネソン (294)	7

64 **Gd** ガドリニウム 157.25	65 **Tb** テルビウム 158.925354	66 **Dy** ジスプロシウム 162.500	67 **Ho** ホルミウム 164.930329	68 **Er** エルビウム 167.259	69 **Tm** ツリウム 168.934219	70 **Yb** イッテルビウム 173.045	71 **Lu** ルテチウム 174.9668
96 **Cm*** キュリウム (247)	97 **Bk*** バークリウム (247)	98 **Cf*** カリホルニウム (252)	99 **Es*** アインスタイニウム (252)	100 **Fm*** フェルミウム (257)	101 **Md*** メンデレビウム (258)	102 **No*** ノーベリウム (259)	103 **Lr*** ローレンシウム (262)

検　印

①	②	③
④	⑤	⑥
⑦	⑧	⑨
⑩	⑪	⑫
⑬	⑭	⑮

編集委員

大阪電気通信大学・物理学実験室

溝井　浩

原田　融

前田郁弥

安江常夫

清水幸夫

松村充展

物理学実験指導書　2025

2025 年 3 月 20 日　　第 1 版　第 1 刷　印刷
2025 年 3 月 30 日　　第 1 版　第 1 刷　発行

編　　者　　大阪電気通信大学・物理学実験室
発 行 者　　発　田　和　子
発 行 所　　株式会社　学術図書出版社

〒113−0033　　東京都文京区本郷 5 丁目 4 の 6
TEL 03−3811−0889　　振替　00110−4−28454
印刷　中央印刷 (株)

定価は表紙に表示してあります.

本書の一部または全部を無断で複写 (コピー)・複製・転載
することは，著作権法でみとめられた場合を除き，著作者
および出版社の権利の侵害となります．あらかじめ，小社
に許諾を求めて下さい.

©2025　大阪電気通信大学・物理学実験室
Printed in Japan
ISBN978−4−7806−1331−5　　C3042